Vitalii Liubych
Hryhorii Hospodarenko
Sergii Poltoretskyi

Características de qualidade do grão de trigo espelta

Vitalii Liubych
Hryhorii Hospodarenko
Sergii Poltoretskyi

Características de qualidade do grão de trigo espelta

Importância e perspectivas do trigo espelta

ScienciaScripts

Imprint

Any brand names and product names mentioned in this book are subject to trademark, brand or patent protection and are trademarks or registered trademarks of their respective holders. The use of brand names, product names, common names, trade names, product descriptions etc. even without a particular marking in this work is in no way to be construed to mean that such names may be regarded as unrestricted in respect of trademark and brand protection legislation and could thus be used by anyone.

Cover image: www.ingimage.com

This book is a translation from the original published under ISBN 978-3-659-62014-0.

Publisher:
Sciencia Scripts
is a trademark of
Dodo Books Indian Ocean Ltd. and OmniScriptum S.R.L publishing group

120 High Road, East Finchley, London, N2 9ED, United Kingdom
Str. Armeneasca 28/1, office 1, Chisinau MD-2012, Republic of Moldova, Europe
Printed at: see last page
ISBN: 978-620-7-87073-8

Hospodarenko H. M., Poltoretskyi S. P., Liubych V. V. **Características de qualidade do grão de trigo espelta.** Saarbriicken, Alemanha: LAP LAMBERT Academic Publishing, 2017.

São apresentadas as características de formação da qualidade do grão de diferentes variedades e estirpes de trigo espelta em função de factores abióticos e bióticos, a sua avaliação tecnológica, o rendimento e a qualidade das propriedades da farinha, da panificação, da massa, dos cereais e da confeitaria. O valor biológico do grão é determinado pelo teor de aminoácidos no grão e pela capacidade antioxidante. As perspectivas de utilização do grão de trigo para transformação são fundamentadas e são definidas as características que determinam a qualidade dos produtos acabados.

A publicação dos cientistas da Universidade Nacional de Horticultura de Uman inclui trabalhos no domínio do estudo da qualidade do grão e dos produtos de grão de trigo espelta. Este livro será útil para os criadores de culturas que trabalham em novas variedades de trigo, agrónomos que cultivam esta importante cultura alimentar, especialistas da indústria do pão, pessoal científico e docente, pós-graduados e estudantes de especialidades agrícolas e peritos.

ÍNDICE DE CONTEÚDOS:

CAPÍTULO 1 — 3

CAPÍTULO 2 — 6

CAPÍTULO 3 — 8

CAPÍTULO 4 — 11

CAPÍTULO 5 — 34

CAPÍTULO 6 — 49

CAPÍTULO 7 — 54

CAPÍTULO 8 — 65

CAPÍTULO 9 — 69

CAPÍTULO 10 — 77

CAPÍTULO 11 — 85

CAPÍTULO 1

INTRODUÇÃO

O trigo tem sido e continua a ser a principal cultura de cereais na Ucrânia. Os elementos mais importantes da sua tecnologia de cultivo, que contribuem para o aumento da produtividade, incluem: utilização de variedades com elevado potencial de perfilhamento e resistência ao acamamento; reação a níveis elevados de nutrição azotada; controlo operacional e controlo eficaz de ervas daninhas, pragas e doenças; aplicação de maquinaria agrícola avançada. O trigo é corretamente considerado uma planta da agricultura cultivada, uma vez que produz colheitas elevadas e estáveis apenas com um elevado nível de tecnologias agrícolas.

Todas as variedades de trigo se dividem em dois grupos, de acordo com as características morfológicas: as variedades de trigo de grão nu e as variedades de trigo de grão mole ou espelta (Zhukovsky P.M., 1957). O trigo de espelta *(Triticum spelta* L.) é um tipo de trigo acanelado, denominado trigo emmer. Para evitar confusões, é aconselhável designar apenas por *Triticum Dicoccum o trigo emmer* (é o nome original deste trigo) e por *Triticum spelta o* nome "espelta", que é utilizado por todos os povos (Flaksberger K.A., 1935; Bugai S.M., 1962; Dorofeev V.F. e outros, 1987). A espelta *(Triticum spelta* L.) é uma espécie hexapióide de trigo (2n = 42).

Esta cultura de cereais foi muito difundida na Antiguidade e é conhecida desde o início do Neolítico. Foi muito difundida na Europa e na Ásia, e é mencionada em tratados da Roma antiga e de monges medievais. Há milénios que a humanidade consome esta cultura. Não se conhecem as razões pelas quais a espelta começou a ser esquecida (Podpriatov G.I., Yaschuk N.O., 2013).

O trigo *espelta (Triticum spelta* L.) é uma das espécies mais antigas do género Triticum, cujas culturas dominaram os campos durante muito tempo. Com base na antiga espelta, foram seleccionadas todas as variedades modernas de trigo de alto rendimento, com elevado potencial de rendimento, tolerantes a agentes patogénicos e a condições climáticas extremas. A partir do século XIX, após a introdução de uma série de variedades de trigo de inverno de grão nu (Krymka, Bonatka, Chomovuska), registou-se uma redução acentuada das culturas de espelta. Desde então, a espelta tem sido cultivada sobretudo por entusiastas e apreciadores desta planta, tendo permanecido apenas em pequenas áreas nas regiões montanhosas da Europa e da Ásia. No entanto, a cessação total do seu cultivo não se verificou porque o seu grão nunca perdeu a sua atratividade. O grão de espelta tem um valor energético mais elevado do que o do trigo mole, contém mais gorduras, beta-caroteno-retinol e tem um glúten mais apertado mas menos elástico.

Posteriormente, o trigo de espelta deixou de crescer e manteve-se apenas em pequenas áreas nas regiões montanhosas da Europa e da Ásia. Atualmente, o interesse pelo seu cultivo está a aumentar em todo o mundo e, em particular, na Ucrânia. O que é que provocou este interesse pela espelta? Em primeiro lugar, trata-se de uma cultura cujo grão é utilizado como "alimento saudável", mas que tem outras designações comerciais diferentes. Assim, a espelta cultivada nos EUA é vendida como "kamut" e na Europa Ocidental é chamada "dinkel", por vezes "medicina natural" porque contém quase todos os elementos fertilizantes numa forma equilibrada.

A espelta também atraiu a atenção dos criadores de culturas para as suas propriedades valiosas, ausentes no trigo mole. Estas incluem: níveis elevados de resistência a alguns agentes patogénicos fúngicos, como *Puccinia striiformis, Puccinia recondita* e espécies de *Fusarium* (Chekalin M.M. e outros, 2008). A espelta tem uma combinação quase perfeita de vitaminas, minerais, oligoelementos, proteínas, hidratos de carbono e gorduras essenciais para o corpo humano. A espelta é mais rica em proteínas, ácidos gordos insaturados e fibras do que o trigo mole. Contém hidratos de carbono solúveis especiais - micopolissacáridos que podem reforçar o sistema imunitário. As substâncias úteis da espelta têm um elevado nível de solubilidade, pelo que são fácil e rapidamente absorvidas pelo organismo. A espelta é despretensiosa para as condições de crescimento: capaz de suportar solos montanhosos, empobrecidos em elementos nutricionais, tem uma resistência relativamente elevada no inverno e resistência à humidade excessiva durante o período de perfilhamento (Dorofeev V.F. e outros, 1987). Além disso, a espelta caracteriza-se por um elevado teor de glúten no grão, mas este é fraco, pelo que a farinha é normalmente utilizada como aditivo na panificação. A espelta é apreciada pelos benefícios nutricionais do grão.

Verificou-se que o glúten da espelta contém muito menos componentes que causam a doença celíaca do que o do trigo mole geneticamente próximo. Ou seja, a espelta é um grão valioso para a nutrição dietética (Ruegger A., Winzeler H., Noserger J., 1990; Winzeler H. et al., 1990; Skurdina Z.M., 1992; Kozub N.A. et al., 2014; Golik O.V., Didenko S.Y., Tverdokhlib O.V. et al., 2010; Zhekova O. I., 2011). A este respeito, o interesse dos agricultores, bem como dos consumidores, em particular dos nutricionistas, está a crescer na espelta.

A par de um certo número de qualidades positivas, apresenta também alguns defeitos. Assim, em particular, a sua distribuição considerável na produção é impedida por um rendimento relativamente baixo e por algumas características morfológicas, negativas em termos de produção. Apresenta um período vegetativo relativamente longo, uma quebra elevada da haste orelhuda e uma debulha pesada do grão, devido a glumas sólidas que cobrem densamente o grão. As glumas em forma de espiga e as glumas florais representam 20-30% da colheita (Ruegger A. e outros, 1990). É necessária uma debulha adicional do grão para a sua remoção. No entanto, a dificuldade de debulha pode ser um sinal positivo, porque essas glumas protegem os grãos e os rebentos jovens dos factores nocivos do ambiente (Tverdokhlib O.V. et al., 2013; Hom E., 2008; Pariy F.M. et al., 2013).

Até à data, o trigo espelta na Ucrânia não foi cultivado industrialmente. Por conseguinte, existe um claro interesse por esta cultura. Infelizmente, existem poucas publicações científicas sobre a espelta e são unilaterais. O trigo espelta é uma espécie pouco explorada. Sabe-se que se trata de uma cultura rica em proteínas. Esta cultura não é exigente quanto às condições de cultivo e pode suportar até solos de montanha empobrecidos em nutrientes, porque as suas raízes libertam mais exsudados ácidos do que o trigo mole de inverno. Tem a vantagem de não se estilhaçar e de se alojar para obter uma nutrição mineral suficiente, pelo que não requer a utilização de retardadores e tem uma elevada resistência ao excesso de humidade durante o período de perfilhamento, quando há uma quantidade significativa de precipitação. Devido a estas características, é cultivada em agricultura biológica na maioria dos países da Europa Ocidental e nos Estados Unidos. Em particular, nos países da Europa Ocidental (Alemanha, Bélgica, Suíça, França, Espanha), é atualmente cultivada numa área de mais de 100 mil hectares.

O problema do trigo duro é conhecido no comércio internacional de cereais devido à sua falta nos mercados mundiais. Isto também se aplica à Ucrânia. O problema da qualidade do trigo, bem como as questões relacionadas com os factores que o determinam, interessa também aos criadores de culturas que criam novas variedades, aos agrónomos e aos inspectores de pão que determinam a qualidade do trigo. Do mesmo modo, este problema diz respeito aos moleiros que transformam o grão em farinha, aos padeiros que cozem pão com esta farinha e aos químicos que estudam a composição química e as propriedades dos componentes do grão de trigo.

Este livro tem um interesse indubitável para especialistas científicos e práticos - biólogos, geneticistas, cultivadores, agrónomos e tecnólogos em armazenamento e processamento de cereais. Pode ser um tutorial detalhado para pessoal científico e pedagógico e estudantes especializados em genética e melhoramento de culturas, investigação de cereais, bioquímica e tecnologia de moagem de farinha, produção de massas e padaria.

CAPÍTULO 2
IMPORTÂNCIA DO TRIGO ESPELTA

A população da Terra pode ser dividida em três grupos (Zhukovsky P.M., 1971): o primeiro grupo é constituído por pessoas que comem bem, utilizando produtos de origem animal, cujo nível de conteúdo de proteínas de alta qualidade proporciona uma saúde normal; o segundo grupo é constituído por pessoas que comem habitualmente cereais que não contêm todos os aminoácidos necessários para a vida normal do corpo humano; o terceiro grupo é constituído por pessoas que comem hidratos de carbono de raízes (batata-doce, mandioca, etc.) e fatos, no caso de falta de proteínas vegetais. Neste caso, o principal alimento para vencer a fome é o pão e o arroz.

Durante milhares de anos e centenas de gerações, a existência humana e os animais domesticados dependeram do trigo. No hemisfério ocidental, o trigo tem tido um valor nutricional importante há mais de 400 anos (Morris E.R., Sears E.R., 1970). No hemisfério oriental, é impossível precisar com fiabilidade o período da história da humanidade em que não se utilizou o trigo. Atualmente, os trigos *Triticum aestivum* L. e *Triticum durum* L. são os mais comuns em ambas as zonas e de colheita grosseira entre a grande variedade de espécies do género Triticum. O trigo mole é cultivado numa área de quase 240 milhões de hectares. Nenhuma outra cultura de cereais ocupa tais áreas. No entanto, a taxa média anual de produção de trigo está muito aquém da taxa de crescimento da população humana. O desequilíbrio crescente está a ser resolvido através de um aumento da produção de trigo que, por sua vez, pode ser alcançado através da expansão das áreas semeadas e do aumento dos rendimentos.

A segunda via é a mais prometedora. Nos campos experimentais, o rendimento máximo do trigo pode atingir 20 t/ha (Curtis B.C., 2002), enquanto o seu rendimento médio no mundo em 2006 foi de 2,86 t/ha. Por conseguinte, não é suficiente para satisfazer as necessidades mundiais e é desejável que atinja o nível de 3,8 t/ha até 2025.

O melhoramento intensivo das culturas para aumentar os rendimentos no século XX causou um esgotamento significativo do património genético do trigo. Daí resultou o problema de encontrar fontes de características económicas e valiosas para o seu melhoramento. Para resolver estes problemas, foram seleccionadas variedades locais de trigo bem adaptadas às condições de cultivo (ou seja, o património genético primário), tipos de trigo com um nível diferente de ploidia, representantes de um género *Aegilops* estreitamente relacionado (o património genético secundário), bem como outros géneros - *Agropyron, Secale* e *Hordeum* (o património genético terciário).

Simultaneamente, *o Triticum spelta* L. (trigo espelta) é também de grande interesse. Trata-se de um trigo hexapióide com uma composição genómica semelhante à do trigo mole. Não é exigente e cresce em solos de montanha pouco profundos, resistentes ao frio e a condições de humidade excessiva (Flaksberger K.A., 1935; Zhukovsky P.M., 1971).

Atualmente, a crescente atenção dada à espelta em muitos países da Europa deve-se a uma série de razões, nomeadamente: aptidão para a agricultura biológica de baixo rendimento, bem como qualidades nutricionais e tecnológicas que permitem substituir o trigo mole tradicionalmente dominante. Assim, é caraterístico da espelta um teor mais elevado de proteínas do grão - até 21-25% (Catálogo de amostras BIP, 1972) - que na sua composição é ligeiramente diferente do trigo mole. Isto é especialmente importante para pessoas com doenças hereditárias graves como a doença celíaca. Atualmente, os cientistas estão a estudar ativamente a possibilidade de utilizar a farinha de espelta na dieta alimentar de pacientes com diabetes e doenças cardiovasculares (Boguslavskij R.L., Golik O.V., Tkachenko T.T., 2001).

Além disso, uma variedade de cereais, produtos de panificação e de confeitaria de alta qualidade são fabricados a partir de grãos de trigo desta espécie (Jorgensen J.R., Olsen C.C., 1997, Eltun R., Aasven M., 1997, Dahlstedt L., 1997). A proteína do glúten de espelta contém 18 aminoácidos essenciais que não podem ser obtidos a partir de produtos animais. É melhor digerida pelo corpo humano. Tal como outros tipos comuns de trigo, as proteínas da espelta incluem glúten, pelo que, normalmente, não permite uma dieta sem glúten. Ao mesmo tempo, o grão de trigo desta espécie é a fonte mais rica dos principais nutrientes, incluindo a tiamina, a niacina e a riboflavina. Contém até 50% de vários compostos de hidrocarbonetos, gorduras vegetais, vitaminas (Bi, B_2 , B_6 , C, E e PP), minerais (potássio, cálcio, magnésio, fósforo, etc.) e várias enzimas activas. As substâncias úteis contidas no grão de espelta são fácil e produtivamente digeridas pelo corpo humano. Os hidratos de carbono da espelta são capazes de reforçar o sistema imunitário e aumentar as forças protectoras contra as proteínas alérgicas (o corpo torna-se menos suscetível a elas). Por isso, na Europa, os produtos à base de cereais são considerados dietéticos e obrigatórios em instituições infantis e médicas.

O grão de trigo espelta dá origem a uma farinha de alta qualidade, a partir da qual se produzem na Alemanha as melhores variedades de bolos. Ao mesmo tempo, estes produtos de padaria são várias vezes mais caros do que os produtos similares de espécies de trigo comuns. Na Alemanha, um prato nacional como a sopa é feito de grão verde seco não maduro (gruncom). Antigamente, as espigas e as glumas de flores que restavam do grão debulhado (variedades moles) eram utilizadas para encher colchões de crianças, o que, em termos de suavidade e higiene, apresentava mais vantagens do que os colchões enchidos com palha de trigo mole.

As vantagens da espelta incluem: prematuridade e resistência invernal relativamente elevadas (em comparação com o trigo mole); boa capacidade de lavoura; grão mais vítreo; secagem fácil e sem queda do grão durante a colheita; não é exigente em termos de condições edafo-climáticas e de nível de fertilização. As qualidades negativas são a baixa produtividade, a possibilidade de acamamento, a quebra da palha e das espigas (decomposição de um colosso nas espigas), que reduz ainda mais o nível de produtividade, e a dificuldade de debulha do grão.

CAPÍTULO 3
REQUISITOS DE QUALIDADE DO GRÃO DE TRIGO ESPELTA

Os requisitos de qualidade do grão de trigo são determinados pela direção da sua utilização. As qualidades de panificação do grão dependem das propriedades da moagem da farinha. As principais propriedades da moagem são o rendimento da farinha e o número de cinzas, determinados pela fórmula

$$\text{Ashes number} = \frac{\text{The ash content in flour, \%}}{\text{The flour yield, \%}} \times 100000.$$

A capacidade de moagem do grão de trigo é fortemente influenciada pela sua dureza. O grão duro é um grão com um índice de moagem de partículas de 13-26%. O trigo mole tem este valor superior a 27%. Considera-se que a dureza elevada do grão é de 13-17%, 18-21% é a dureza média e 22-26% é a baixa.

Verifica-se que a dureza do endosperma depende do estado dos lípidos da farinha. A dureza correlaciona-se positivamente com o teor de glicolípidos livres (r = 0,82) e negativamente com a composição dos lípidos de superfície dos grãos de amido, especialmente com o teor da fração não polar (r = -0,83). Uma caraterística típica das variedades de trigo duro é o teor relativamente elevado de ácido oleico nos lípidos da superfície dos grãos de amido (Konopka I., 2005).

As principais propriedades de cozedura incluem:

- O valor do número decrescente indica a integridade do amido e a atividade da alfa-amilase; no caso do trigo, a atividade da alfa-amilase é considerada elevada quando o valor do número decrescente é inferior a 80, o valor médio é de 80-150, o valor bom é de 150-250 e o valor mais baixo é superior a 250;
- O teor de proteínas está correlacionado com o teor de glúten; para o trigo, considera-se que o teor de proteínas muito elevado é superior a 18,0%, 16,0-18,0 é elevado, 14,0-16,0 é médio, 12,0-14,0 é baixo e <12,0% é muito baixo.
- O indicador de sedimentação caracteriza o inchaço da proteína; a farinha de trigo é considerada muito forte em termos de sedimentação ≥60 cm , forte é 40-60 cm médio é 20-40 cm e fraco é ≥20 cm ;
- A capacidade de absorção de água da farinha depende do teor de proteínas e das propriedades elásticas do glúten; este indicador afecta o peso da massa e a sua elasticidade (para a farinha de panificação deve ser de 55-56%);
- As propriedades físicas da massa dependem da qualidade do complexo proteína-proteinase e hidrato de carbono-amilase do grão;
- O volume do pão depende do teor e da qualidade do glúten; um volume muito elevado de pão de trigo é considerado superior a 525 cm, 475-525 cm é elevado, 425-475 cm^3 é médio, 375-425 cm^3 é baixo e ≤ 375 cm^3 é muito baixo.

O índice de deformação do glúten do trigo espelta pode variar de 85 a 120 unidades. A farinha de trigo espelta com um índice de deformação do glúten de 80-100 unidades (satisfatoriamente fraca) pode ser utilizada na panificação. A farinha de pior qualidade é utilizada em misturas compostas ou na produção de produtos de confeitaria.

As propriedades físicas da massa, tais como a elasticidade (P), o alongamento (L), o coeficiente de configuração do alveograma (relação P/L) são determinadas principalmente pela fração de gluteninas proteicas de elevado peso molecular e de baixo peso molecular. Estas proteínas são insolúveis em água e em soluções salinas de agregados proteicos de elevado teor polimérico do grão, com um peso molecular de até 15 milhões de daltons. As variedades de trigo com características de alta qualidade de panificação distinguem-se das variedades de média e baixa qualidade principalmente pelo elevado teor de gluteninas e pelo correspondente rácio elevado de gliadina/glutenina (Gli/ Glu). Assim, a relação Gli/ Glu das variedades de trigo de alta qualidade é de 1,6-1,8, de qualidade média é de 2,2-2,4 e de baixa qualidade é de 2,7-2,8. Para o trigo espelta e o trigo emmer, a relação Gli/ Glu é de 5,7-6,5.

O papel da Gli/ Glu na formação da qualidade da cozedura é significativo, uma vez que a influência das gliadinas e das gluteninas na qualidade da massa é diferente. As gluteninas, como proteínas altamente poliméricas, formam uma grelha molecular básica que proporciona flexibilidade e elasticidade à massa. As gliadinas são monoméricas, actuam como plastificantes e proporcionam a resistência à tração e a viscosidade da massa. Assim, as propriedades funcionais óptimas do glúten proporcionam um equilíbrio entre a viscosidade e a elasticidade.

Pensa-se que quanto mais elevado for o teor de proteínas do grão, mais elevado será o seu valor biológico. No entanto, o aumento do teor de proteínas no grão de trigo, que afecta positivamente a qualidade de cozedura da farinha, não melhora o valor nutricional das proteínas. Antes pelo contrário. Com o aumento do teor de proteínas do trigo, a percentagem de proteínas do glúten (gliadinas e gluteninas) aumenta. Ao mesmo tempo, a percentagem de albuminas + globulinas em relação ao teor total de proteínas diminui. O valor nutricional da fração albumina + globulina é substancialmente superior ao da fração gliadina + glutenina. Consequentemente, a proporção de proteínas de valor biológico para um baixo teor de proteínas no grão é mais elevada do que para um elevado teor de proteínas.

As proteínas formadoras de glúten gliadina e glutenina, devido ao elevado teor de aminoácidos, prolina e glutamina, são caracterizadas por um valor biológico significativamente inferior ao das albuminas e globulinas. Esta é a razão da elevada estabilidade das proteínas do glúten à proteólise gastrointestinal. Além disso, a proteólise pós-prolina no trato gastrointestinal de um homem está ausente. Isto significa que os péptidos obtidos a partir da proteólise prévia do glúten com elevado teor de prolina no processo de digestão não são quebrados de todo. Ao mesmo tempo, os péptidos com elevados níveis de glutamina são um excelente substrato para a enzima transglutaminase (Rybalka O.I., 2011).

De acordo com M.V. Gurtovoi e O.V. Gavrilov, a farinha de Triticum *spelta* é caracterizada por uma maior capacidade de absorção de água (54,0%). Este indicador é superior em 9,3% ao da farinha de trigo mole. A força da farinha deTriticum *spelta* pelo alveógrafo excede este indicador do trigo mole em 4,6% e a força da farinha pelo farinógrafo é 3,8 vezes. Isto mostra a possibilidade de utilizar a farinha de trigo espelta na tecnologia de produção de pão.

O pão feito com farinha de Triticum *spelta* tem uma taxa de volume específico mais elevada do que o pão de trigo, uma forma correcta e a cor do miolo do pão é creme, com um sabor e aroma agradáveis. O miolo do pão tem uma estrutura granular e rugosa (Rozhkov R.V., 2007, Hom E., 2008).

Durante a transformação das matérias-primas vegetais obtém-se o biocombustível. Uma grande quantidade de bioetanol (álcool etílico) é utilizada nas indústrias química, de engenharia, automóvel, veterinária, farmacológica e outras. Além disso, é utilizado no fabrico de bebidas alcoólicas, sumos de fruta, fortificação de materiais de vinho e mistura de vinhos de uva, produção de vinagre, aromas alimentares, perfumes e cosméticos. Na indústria microbiológica e médica, o álcool etílico é utilizado para precipitar preparações enzimáticas do fluido de cultura para a preparação de vitaminas, outros fármacos e medicamentos (Domaretsky V.A., Ostapchuk M.V., Ukrainets A.I., 2003).

Devido à diminuição das reservas naturais de petróleo e ao aumento significativo do custo dos tipos tradicionais de combustíveis para motores, a expansão da utilização de biocombustíveis é relevante para reduzir a dependência da Ucrânia do petróleo como fonte de energia. As perspectivas de utilização de aditivos de bioetanol para a gasolina para motores de automóveis estão confirmadas (Zakharchenko O.M.).

Na tecnologia de cultivo de cereais com o objetivo de obter bioetanol, são importantes o seu rendimento, o custo da matéria-prima, o rendimento em etanol, o teor de amido ou açúcar, a resistência a pragas e doenças e as exigências do solo e do clima (Kalenska S.M., Bachinsky O.V., Kachura E.V., 2009).

Como matérias-primas amiláceas, o trigo, o centeio, o triticale, a cevada, o com e o sorgo podem ser matérias-primas para a produção de bioetanol, uma vez que se caracterizam por um elevado teor de amido no grão (55-65%) (Shpaar D., 2008).

O rendimento em amido e, consequentemente, em bioetanol da batata e dos tubérculos de beterraba sacarina é superior ao dos cereais, mas os custos do seu cultivo são também significativamente mais elevados.

O rendimento de bioetanol por unidade de superfície das culturas cerealíferas é superior ao rendimento por unidade de superfície da colza. Assim, segundo D. Shpaar (Shpaar D., 2008), o rendimento do óleo de colza é de 1300 1/ha e o rendimento do bioetanol de cereais é de 2000-2800 1/ha.

As variedades modernas de trigo de inverno intensivo e semi-intensivo podem produzir rendimentos de grãos ao nível de 100-120 c/ ha em condições de produção. No entanto, os danos causados às plantas por agentes patogénicos e pragas aumentam significativamente (Ulych O.L., 2007). O trigo espelta é relativamente resistente a condições ambientais adversas e, no que respeita à necessidade de fertilização do solo, ocupa uma posição intermédia entre o trigo e o centeio.

CAPÍTULO 4

FORMAÇÃO DA QUALIDADE DO GRÃO DE TRIGO ESPELTA EM FUNÇÃO DE FACTORES ABIÓTICOS E BIÓTICOS E DO SEU VALOR BIOLÓGICO

Uma das direcções para aumentar a eficiência dos recursos materiais e técnicos é a utilização do potencial varietal das plantas. No entanto, as variedades têm diferentes sinais e propriedades morfológicas e biológicas, potencial genético de produtividade, reação às condições de cultivo, propriedades adaptativas, portanto, diferem no rendimento e na qualidade dos produtos (Ulych L. L, 2006).

Vários estudos (Lacko-Bartosova M., OtepkaP., 2001) confirmam que os factores importantes na implementação da produtividade das culturas de cereais são as condições meteorológicas da estação de crescimento, a altura das plantas, a sua resistência ao acamamento e o desenvolvimento de agentes patogénicos. O fator de variação da altura pode variar de 12 a 19% e a resistência ao acamamento varia de 5 a 66%, dependendo das condições meteorológicas. No entanto, nem sempre existe uma correlação entre a altura e a resistência ao acamamento e a altura e o rendimento de grãos. Assim, nas investigações de A. K. Nineyeva (Nineyeva A. K., 2012) para o cultivo da variedade local de trigo espelta em condições climatéricas favoráveis, a altura foi de 136 cm e a resistência ao acamamento foi de 4 pontos. Em condições desfavoráveis, a altura desceu para 108 cm e a resistência ao acamamento foi de 3 pontos.

O rendimento potencial do trigo espelta é suficientemente elevado. Assim, o rendimento do grão varia de 3,09 a 9,83 t/ha, consoante a variedade e a estirpe, e o teor de proteínas varia de 12,3 a 25,0% (Lacko-Bartosova M., Redlova M., 2007). No entanto, a resistência a doenças fúngicas varia de 4 a 9 pontos, consoante a variedade e a estirpe de trigo espelta (Hospodarenko G. M. et al., 2016).

A altura das plantas, a resistência das plantas de trigo ao acamamento e os danos causados por doenças alteraram-se significativamente em função das condições meteorológicas. Assim, em 2013 e 2016 as condições climatéricas foram caracterizadas por uma menor precipitação. No período de abril e julho registaram-se 209 e 236 mm de precipitação, respetivamente, ou seja, 15-25% menos do que a taxa média anual (277 mm). A precipitação suficiente registou-se em 2014 e 2015. Entre abril e julho, registaram-se 292 e 271 mm de precipitação, respetivamente, mas a distribuição foi diferente. Em 2013, houve apenas 13,3 mm de precipitação durante o alongamento do caule; houve 45,8 mm de precipitação em 2015 e 140,8 mm em 2014 e 179,5 mm de precipitação em 2016. A temperatura do ar também afectou o crescimento e o desenvolvimento das variedades e estirpes de trigo espelta. Assim, no período de crescimento intensivo do caule (alongamento do caule - formação da espiga) em 2013, foi desfavorável em relação à temperatura óptima (9-16°C) e atingiu 18- 21°C. A temperatura do ar durante este período, durante o resto dos anos de investigação, foi óptima. Por conseguinte, as plantas mais baixas registaram-se em 2013, as mais altas em 2016 e a altura foi ligeiramente inferior em 2014 e 2016.

Em média, ao longo de quatro anos de investigação, a altura das plantas de trigo variou entre 91 e 166 cm, consoante a variedade e a estirpe (quadro 1).

Quadro 1. Altura das plantas das variedades e estirpes de trigo espelta, cm

Variety, strain	Year of research				Elements of variation variability		
	2013	2014	2015	2016	$x \pm S_x$	lim	V, %
Zoria Ukrainy (st)	120	141	136	166	141 ± 19	120–166	14
Shvedska 1	111	151	141	153	139 ± 19	111–153	14
NSS 6/01	123	144	135	143	136 ± 10	123–144	7
Schwabenkorn	128	148	140	155	143 ± 12	128–155	8
LPP 3373	91	100	94	118	101 ± 12	91–118	12
LPP 3122/2	97	109	103	124	108 ± 12	97–124	11
LPP 1304	98	108	103	121	108 ± 10	98–121	9
P 3	98	108	102	122	108 ± 11	98–122	10
LPP 1221	99	123	117	128	117 ± 13	99–128	11
LPP 1197	101	110	106	138	114 ± 17	101–138	15
LPP 1224	102	113	107	142	116 ± 18	102–142	15
LPP 3132	103	138	127	145	128 ± 18	103–145	14
LPP 3117	112	141	132	150	134 ± 16	112–150	12
NAK34/12–2	102	120	110	123	114 ± 10	102–123	8
TV 1100	113	130	132	143	130 ± 12	113–143	10
NAK 22/12	126	146	138	154	141 ± 12	126–154	8
LSD$_{05}$	*5*	*6*	*6*	*7*	–	–	–

A altura das variedades de trigo espelta variou de 136 a 143 cm com V = 7-14%.

A altura das estirpes obtidas pela hibridação de *Triticum aestivum/Triticum spelta* variou de 101 a 134 cm ou 5-28% abaixo da variante de controlo (V = 9-15%). Este indicador das plantas das estirpes introgressivas de trigo espelta foi de 102-126 cm.

A altura das variedades e estirpes de trigo espelta variou consoante o ano de investigação. Assim, em condições desfavoráveis em 2013, variou de 91 a 128 cm, em condições favoráveis em 2016 variou de 118 a 166 cm, em 2015 foi de 94 a 141 cm e em 2014 foi de 100 a 151 cm, dependendo da variedade e da estirpe.

Em 2014, as plantas alojaram durante a formação da espiga; em 2015 foi no início e em 2016 no final da linha de leite do grão de trigo espelta (Quadro 2). A resistência das plantas ao acamamento variou de 3 a 9 pontos, consoante a variedade e a estirpe. É de salientar que, após o primeiro acamamento (3-5 pontos), as plantas de trigo espelta recuperaram a colocação vertical do caule (7-9 pontos).

Quadro 2. Resistência das plantas de variedades e estirpes de trigo espelta, ponto

Variety, strain	Year of research									
	2014				2015				2016	
	29.05	8.06	18.06	28.06	19.06	29.06	9.07	19.07	22.06	2.07
Zoria Ukrainy (st)	5	7	7	7	9	9	7	7	7	7
Schwabenkorn	3	5	5	7	5	7	1	5	5	7
NSS 6/01	5	7	7	7	5	9	1	5	3	5
Shvedska 1	5	9	9	7	1	5	5	3	3	5
LPP 3122/2	5	7	7	7	7	9	9	7	5	5
LPP 3117	5	7	7	7	9	9	7	7	3	5

LPP 1197	9	9	9	9	9	9	9	9	5	5
LPP 1304	9	9	9	9	9	9	9	9	9	9
LPP 1224	5	7	7	7	9	9	9	9	5	3
P 3	9	9	9	9	9	9	9	9	9	9
LPP 3132	5	7	7	7	5	7	7	7	3	5
LPP 3373	9	9	9	9	9	9	9	9	5	3
LPP 1221	9	9	9	9	9	9	9	9	9	9
NAK34/12–2	9	9	9	9	5	7	5	5	7	7
TV 1100	3	5	5	3	3	7	3	3	5	3
NAK 22/12	5	7	7	7	1	5	5	3	3	5
LSD$_{05}$	*1*	*1*	*1*	*1*	*1*	*1*	*1*	*1*	*1*	*1*

Verificou-se que a altura influenciou de forma diferente a resistência das plantas ao acamamento. Não afectou as estirpes LPP 1304, P 3 e LPP 1221 que não se alojaram (9 pontos). Verificou-se uma forte correlação inversa entre a altura e a resistência das plantas ao acamamento das plantas das estirpes LPP 3122/2 (r = -0,95), LPP 3117 (r = -0,96), LPP 1197 (r = -0,97), LPP 1224 (r = -0,98), LPP 3132 (r = -0,93), LPP 3373 (r = -0,95) e TV 1100 (r = -0,91). Registou-se uma forte correlação entre as plantas da variedade Zoria Ukrainy (r = -0,73), foi significativa entre as variedades NSS 6/01 (r = -0,67), Shvedska 1 (r = -0,61) e a estirpe NAK 22/12 (r = -0,51) e não foi significativa entre as outras variedades e estirpes.

Foi determinado que as variedades e estirpes de trigo espelta tinham diferentes resistências a doenças. No entanto, as condições meteorológicas em 2013 foram favoráveis ao desenvolvimento do agente patogénico da ferrugem castanha e em 2014 e 2016 foram favoráveis à septoriose (quadro 3).

Quadro 3. Índice de desenvolvimento e resistência das plantas às doenças foliares durante a linha de leite de grão das variedades e estirpes de trigo espelta

Variety, strain	Year of research					
	2013		2014		2016	
	Brown leaf rust		Septorios			
	1	2	1	2	1	2
Zoria Ukrainy (st)	–	–	–	–	9,4	7
Shvedska 1	9,2	7	9,8	5	23,4	5
Schwabenkorn	–	–	7,7	7	17,6	5
NSS 6/01	–	–	15,6	7	18,7	5
LPP 1197	2,6	9	12,3	5	19,1	5
LPP 3117	25,1	7	69,8	5	54,6	5
LPP 1304	28,9	7	24,7	7	27,6	7
LPP 1224	17,7	7	37,9	5	38,4	5
LPP 3122/2	31,2	7	61,3	5	61,2	5
P 3	3,0	9	2,6	9	8,2	7
LPP 3132	10,5	9	67,6	5	63,7	5
LPP 3373	2,1	9	53,7	5	62,4	5
LPP 1221	–	–	2,7	9	16,2	7
NAK34/12–2	15,5	7	15,9	7	13,5	7

NAK 22/12	10,8	9	7,1	7	9,4	7
TV 1100	–	–	8,5	5	22,4	5
LSD$_{05}$	*0,8*	*1*	*1,9*	*1*	*2,1*	*1*

Nota. 1 - Índice de desenvolvimento da doença, %; 2 - resistência de E. E. Saari e J. M. Prescott, ponto.

As plantas de três variedades (Zoria Ukrainy, Schwabenkom e NSS 6/01) e de duas estirpes (TV 1100 e LPP 1221) foram muito estáveis porque não foram afectadas pelos agentes patogénicos da ferrugem castanha. O índice de desenvolvimento da doença nas plantas da variedade Shvedska 1 foi de apenas 9,2%. As plantas mais afectadas foram as de três estirpes (LPP 3122/2, LPP 1304 e LPP 3117) - de 25,1 a 31,2%. O índice de desenvolvimento da doença de outras estirpes foi de 2,1-10,5%, mas foram afectadas menos folhas de cobertura (7-9 pontos).

O índice de desenvolvimento de septoriose variou de 2,6 a 69,8%, dependendo da variedade e da estirpe. Em 2014 e 2016, as plantas das variedades Shvedska 1, LPP 1197, LPP 3117, LPP 1224, LPP 3122/2, LPP 3132, LPP 3373 e TV 1100 foram afectadas pelo agente patogénico da septoriose nas folhas de cobertura média (5 pontos). As folhas de cobertura inferiores foram afectadas (7-9 pontos) por outras variedades e estirpes de trigo espelta.

É de notar que não houve sinais de derrota por agentes patogénicos de doenças fúngicas de plantas de trigo espelta durante o perfilhamento e o alongamento do caule e a resistência foi a mais elevada (9 pontos). Durante a formação da espiga em 2014 e 2016, os sinais de desenvolvimento de septoriose eram apenas de plantas de seis estirpes com a intensidade de 8-18%.

Verificou-se que o rendimento do trigo espelta variava significativamente consoante a variedade e a estirpe. Assim, em média, ao longo de quatro anos de investigação, variou de 2,89 a 8,78 t/ ha (quadro 4). O rendimento das variedades de trigo espelta foi de 3,48-3,71 t/ ha ou 57- 68% inferior ao da variante de controlo - variedade Zoria Ukrainy (5,47 t/ ha). O rendimento das estirpes obtidas pela hibridação de *Triticum aestivum/Triticum spelta* foi superior em 0,51-3,31 t/ha em comparação com a variante de controlo. O rendimento mais elevado foi obtido com a cultura das estirpes P 3 e LPP 1221 e o rendimento mais baixo foi obtido com a estirpe LPP 3122/2. As estirpes obtidas pela hibridação de *Triticum aestivum/ anfiplóide (Triticum durum/ Ae. tauschii)* deram 4,58-4,99 t/ ha de rendimento de grão ou 10-19% menos do que a variante de controlo. No entanto, o menor rendimento foi formado por plantas da estirpe TV 1100 obtidas de *Triticum aestivum / Triticum kiharae*, que foi de 2,89 t/ha ou 2,58 t/ha menos do que a variante de controlo.

O índice de estabilidade caracteriza a variabilidade do indicador em função dos factores do ambiente. Quanto mais elevado for este indicador, maior é a variabilidade, mas a estabilidade mais elevada é para o índice de igual unidade. Verificou-se que, entre quatro variedades e 12 estirpes, as plantas da variedade Zoria Ukrainy e oito estirpes tiveram a estabilidade mais elevada - 1,07-1,14. As plantas da estirpe introgressiva TV 1100 tiveram a menor estabilidade - 1,36 ou 21% - e 1,19 da estirpe NAK 22/12 ou 6% menos do que a variante de controlo. O índice de estabilidade de três variedades de trigo espelta variou entre 1,22 e 1,29, ou seja, foi inferior em 9-15% ao da variedade Zoria Ukrainy (st). As estirpes

LPP 1304, LPP 1221 e LPP 3117 obtidas pela hibridação de *Triticum aestivum* / *Triticum spelta* tiveram um índice de estabilidade de 1,14-1,19 ou inferior em 2-6% em comparação com a variante de controlo.

Quadro 4. Rendimento de grão das variedades e estirpes de espelta de trigo, t/ ha

Variety, strain	Year of research				Average for four years	The stability index
	2013	2014	2015	2016		
Zoria Ukrainy (st)	5,79	5,30	5,18	5,59	5,47	1,12
Schwabenkorn	3,68	3,53	3,02	3,67	3,48	1,22
NSS 6/01	4,00	3,68	3,11	3,57	3,59	1,29
Shvedska 1	4,02	3,75	3,13	3,92	3,71	1,28
LPP 3122/2	6,04	5,74	6,24	5,89	5,98	1,09
LPP 1224	6,77	6,47	6,98	6,61	6,71	1,08
LPP 3373	6,48	7,07	7,19	6,94	6,92	1,11
LPP 3132	7,49	7,00	7,28	7,13	7,23	1,07
LPP 1304	6,74	7,58	7,28	7,69	7,32	1,14
LPP 1197	7,33	7,85	7,93	7,25	7,59	1,09
LPP 3117	8,05	7,87	7,83	6,74	7,62	1,19
P 3	8,21	8,57	8,25	9,27	8,58	1,13
LPP 1221	8,14	8,53	8,79	9,64	8,78	1,18
NAK 22/12	4,67	4,93	4,13	4,57	4,58	1,19
NAK34/12–2	4,91	5,08	4,71	5,26	4,99	1,12
TV 1100	2,51	2,74	2,89	3,42	2,89	1,36
LSD$_{05}$	*0,24*	*0,21*	*0,23*	*0,27*	–	–

O rendimento do grão das variedades e estirpes de trigo espelta variou consoante o ano de investigação. Assim, aumentou significativamente de 4,91-8,21 para 5,26-9,64 t/ ha das estirpes LPP 1304, P 3, LPP 1221 e NAK34/12-2 nas condições climatéricas mais favoráveis de 2016. Foi de 5,08-8,57 em 2014 e 4,71-8,79 t/ ha em condições menos favoráveis em 2015, em comparação com a variedade Zoria Ukrainy (st) devido à sua elevada resistência ao acamamento. O rendimento de grãos da estirpe LPP 3373 em 2016 foi menor, uma vez que a resistência ao acamamento diminuiu de 5 para 3 pontos. O rendimento da estirpe introgressiva TV 1100 aumentou de 2,51 para 3,42 t/ha, uma vez que em 2016 as plantas se encontravam na fase final da massa média.

O rendimento de outras variedades e estirpes dependia da resistência das plantas ao acamamento. A correlação direta mais forte entre estes indicadores verificou-se nas variedades LPP 3117 (r = 0,90) e NAK34/12-2 (r = 0,98), a correlação mais elevada verificou-se nas variedades Zoria Ukrainy (r = 0,78), Schwabenkom (r = 0,87), NSS 6/01 (r = 0.86), Shvedska 1 (r = 081), LPP 3132 (r = 0,71) e NAK 24/12 (r = 0,77), e uma correlação significativa com as variedades LPP 3122/2 (r = 0,69), LPP 1197 (r = 0,65) e LPP 1224 (r = 0,57). Além disso, o rendimento de algumas estirpes foi afetado por agentes patogénicos. Assim, verificou-se uma correlação inversa muito forte para as estirpes LPP 3122/2 (r = -0,96) e LPP 1197 (r = -0,97) e foi determinada uma correlação inversa forte para as estirpes LPP 1224 (r = -0,83) e LPP 3132 (r = -0,84).

Em média, ao longo de quatro anos de investigação, a estirpe LPP 1197 teve o maior peso de mil grãos - 53,1 g (Quadro 5).

Quadro 5. Peso de mil grãos de diferentes variedades e estirpes de trigo espelta, g

Variety, strain	Year of research				Average for four years	The stability index
	2013	2014	2015	2016		
Zoria Ukrainy (st)	46,2	56,2	49,1	52,3	51,0	1,22
Shvedska 1	32,5	39,0	39,2	45,7	39,1	1,41
Schwabenkorn	46,2	52,0	45,6	48,7	48,1	1,14
NSS 6/01	46,5	56,9	46,8	52,7	50,7	1,22
P 3	41,5	44,7	43,2	44,8	43,6	1,08
LPP 1304	41,6	44,8	43,1	45,2	43,7	1,09
LPP 1224	44,3	47,9	44,1	39,7	44,0	1,21
LPP 3122/2	42,3	45,2	44,6	43,7	44,0	1,07
LPP 3373	43,5	45,8	45,2	43,7	44,6	1,05
LPP 1221	42,4	46,7	45,2	47,2	45,4	1,11
LPP 3117	41,9	45,2	49,2	46,5	45,7	1,17
LPP 3132	49,9	52,8	45,3	50,9	49,7	1,17
LPP 1197	52,5	56,1	53,1	50,8	53,1	1,10
NAK34/12–2	42,1	43,9	43,5	45,5	43,8	1,08
TV 1100	43,3	44,2	44,4	47,5	44,9	1,10
NAK 22/12	47,3	47,4	45,1	44,3	46,0	1,07
LSD_{05}	2,1	2,5	2,2	2,3	–	–

Outras estirpes obtidas pela hibridação de *Triticum aestivum* / *Triticum spelta* tiveram menos de 3-15% em comparação com a variante de controlo. No entanto, as estirpes P 3, LPP 1304, LPP 3122/2, LPP 3373, LPP 1221 e LPP 1197 apresentaram a maior estabilidade na formação do peso de mil grãos - 1,05-1,11.

O peso de mil grãos das variedades de trigo espelta variou de 39,1 a 50,7g ou menos em 1-23% em comparação com a variante de controlo que tinha o indicador de 51,0g. O grão da variedade Schwabenkom teve a maior estabilidade -1,14.

As estirpes introgressivas também apresentaram grãos com menor peso de mil grãos, mas o índice de estabilidade variou de 1,07 a 1,10.

Para o trigo, o peso de mil grãos > 35g é considerado muito elevado, se este indicador estiver dentro dos limites de 30-3 5g é elevado; é médio se o peso de mil grãos for 27-30g e é baixo se for < 27g.

O peso de mil grãos das variedades e estirpes de trigo espelta estudadas é muito elevado.

O peso de mil grãos do trigo espelta dependeu das condições climatéricas do ano de investigação. Assim, as condições de seca em 2013 e 2015 durante a fase de massa média contribuíram para uma menor maturidade do grão maduro que variou de 32,5 a 53,1g *(HIP05 = 2,1-2,2)* e em 2014 com um teor de humidade suficiente o grão estava mais maduro e o seu peso aumentou significativamente para 39,0-56,9g *(HIP05 = 2,5)*. Além disso, este indicador foi influenciado pela altura da planta e pela resistência ao acamamento. Assim, entre o peso de mil grãos e a altura da planta existe uma correlação direta muito elevada para as estirpes

LPP 1221 (r = 0,99), NAK34/12-2 (r = 0,93), TV 1100 (r = 0,90); é elevada para NSS 6/01 (r = 0,84), variedades Shvedska 1 (r = 0,88) e estirpe LPP 1304 (r = 0,89). É significativa para as variedades Zoria Ukrainy e Schwabenkom (r = 0,62) e para a estirpe LPP 3117 (r = 0,59); é inversa e significativa para as estirpes LPP 1224 (r = -0,70) e NAK 22/12 (r = -0,57) e as outras estirpes tiveram uma correlação direta fraca.

De acordo com o quadro 6, em média, durante os quatro anos de investigação, a unidade de grão do trigo de espelta variou de 698 a 770 g/1, consoante a variedade e a estirpe. Entre as variedades de trigo espelta, a variedade Shvedska 1 tinha a unidade de grão de 767 g/1 e a unidade de grão das outras variedades variava de 704 a 716 g/1.

Quadro 6. Unidade de grão de diferentes variedades e estirpes de trigo espelta, g/1

Variety, strain	Year of research				Average for four years	The stability index
	2013	2014	2015	2016		
Zoria Ukrainy (st)	675	725	727	721	712	1,08
NSS 6/01	683	730	690	712	704	1,07
Schwabenkorn	708	728	713	715	716	1,03
Shvedska 1	738	766	772	793	767	1,07
LPP 3373	686	711	709	721	707	1,05
LPP 1304	704	728	713	743	722	1,06
LPP 1197	718	741	732	748	735	1,04
LPP 3122/2	724	741	745	746	739	1,03
LPP 1224	753	764	755	739	753	1,03
LPP 1221	763	749	777	758	762	1,04
P 3	741	785	767	771	766	1,06
LPP 3117	758	773	761	781	768	1,03
LPP 3132	751	760	778	790	770	1,05
TV 1100	684	703	705	698	698	1,03
NAK34/12–2	697	730	743	740	728	1,07
NAK 22/12	736	736	718	727	729	1,03
LSD_{05}	33	35	34	36	–	–

O grão de todas as estirpes, exceto a LPP 3373, excedeu a variante de controlo, a sua unidade de grão mudou de 722 para 770 g/1 ou mais em 2-8%. O grão da estirpe LPP 3132 teve a maior unidade de grão (770 g/1) e o grão da estirpe LPP 3373 teve a menor unidade de grão (707 g/1). A unidade de grão das estirpes introgressivas variou de 698 a 729 g/1. O índice de estabilidade da formação da unidade de grão foi muito elevado - de 1,03 a 1,08.

A unidade de grãos das variedades e estirpes de trigo espelta dependia diferentemente da altura da planta, da resistência ao acamamento e do peso de mil grãos. Verificou-se que existia uma correlação direta muito elevada entre a unidade de grãos e a altura das plantas da variedade Shvedska 1 (r = 0,90), das estirpes LPP 3117 (r = 0,92) e LPP 1304 (r = 0,98). Registou-se uma correlação significativa entre as variedades Zoria Ukrainy (r = 0,65) e Schwabenkom (r = 0,61) e a estirpe P 3 (r = 0,54); foi inversamente elevada para a estirpe LPP 1224 (r = -0,75); foi fraca para as estirpes LPP 1221 (r = -0,30) e NAK 22/12 (r = -0,21). Verificou-se uma correlação direta elevada entre outras variedades e estirpes (r = 0,71- 0,88).

Verificou-se uma correlação muito elevada entre a unidade de grãos e o índice de desenvolvimento da doença para a variedade Zoria Ukrainy (r = -0,99), LPP 3132 (r = -0,91) e estirpes TV 1100 (r = -0,95); verificou-se uma correlação elevada para a variedade Shvedska 1 (r = -0.74), LPP 3122/2 (r = -0,88), LPP 3117 (r = -0,89) e estirpes NAK34/12-2 (r = -0,72); foi significativa para as estirpes LPP 1197 (r = -0,68) e LPP 3373 (r = -0,64) e fraca para as variedades Schwabenkom (r = -0,24) e NSS 6/01 (r = -0,25).

Registou-se uma correlação muito elevada entre o peso de mil grãos e a unidade de grãos das variedades Schwabenkom (r = 0,93), NSS 6/01 (r = 0,99) e Shvedska 1 (r = 0,98), LPP 1304 (r = 0,95), LPP 1224 (r = 0.99) e estirpes P3 (r = 0,92); registou-se uma correlação elevada para a variedade Zoria Ukrainy (r = 0,71), LPP 3122/2 (r = 0,99), NAK34/12-2 (r = 0,78) e NAK 22/12 (r = 0,81); as outras estirpes apresentaram uma correlação fraca.

Verificou-se que o teor de proteínas do grão de trigo espelta variava muito - de 11,2 a 22,5%, consoante a variedade e a estirpe (quadro 7). Em média, durante quatro anos de investigação, o grão das variedades de trigo espelta variou de 12,6 a 17,9% ou menos 18-67% em comparação com a variante de controlo (21,1%). Os grãos das variedades Schwabenkom (1,17) e Zoria Ukrainy (1,17) registaram a maior estabilidade.

O teor de proteínas do grão das estirpes obtidas por hibridação de *Triticum aestivum/Triticum spelta* foi 8-76% inferior ao da variante de controlo. O teor mais elevado foi registado no grão das estirpes R 3 e LPP 1221 (16,3-19,5%) e o teor mais baixo foi registado nas estirpes LPP 3117, LPP 1224 e LPP 3122/2 (12,0-13,5%). O índice de estabilidade do teor de proteínas também variou numa vasta gama - de 1,09 a 1,56. O teor de proteína mais estável foi formado por plantas das estirpes LPP 1221 e LPP 1197 (1,09-1,13).

O teor de proteínas no grão das estirpes introgressivas variou de 14,9 a 18,1% ou foi inferior em 17-42% em comparação com a variante de controlo para o índice de estabilidade 1,11-1,47.

Sabe-se que o teor de proteínas > 18% é muito elevado para o trigo; é elevado entre 16-18, médio - 14-16, baixo - 12-14 e muito baixo < 12%.

Em média, ao longo de quatro anos de investigação, o teor de proteínas era muito elevado no grão da variedade Zoria Ukrainy (21,1%), LPP 1221 (19,5%) e estirpes TV 1100 (18,1%); era elevado no grão das variedades NSS 6/01 (16,9%), Schwabenkom (17.9%) e na estirpe P 3 (16,3%); foi médio no grão das estirpes LPP 3132, LPP 1304, LPP 3373 e LPP 1197 (14,0-14,7%); o baixo teor foi registado no grão das estirpes Shvedska 1 (12,6%), LPP 1224, LPP 3117 e LPP 3122/2 (12,0-13,5%).

Quadro 7. Teor de proteínas no grão das variedades e estirpes de trigo espelta, %

Variety, strain	Year of research				Average for four years	The stability index
	2013	2014	2015	2016		
Zoria Ukrainy (st)	20,7	21,9	19,3	22,5	21,1	1,17
Shvedska 1	10,7	11,3	15,0	13,4	12,6	1,40
NSS 6/01	14,3	20,2	15,8	17,1	16,9	1,41
Schwabenkorn	16,8	18,3	17,6	18,8	17,9	1,12
LPP 3117	11,2	11,7	13,9	11,2	12,0	1,24

LPP 1224	12,4	13,5	14,5	12,6	13,3	1,17
LPP 3122/2	13,4	12,1	14,0	14,5	13,5	1,20
LPP 3132	13,8	14,7	14,6	12,8	14,0	1,15
LPP 1304	11,6	12,6	15,4	17,3	14,2	1,49
LPP 3373	16,7	12,4	17,6	11,3	14,5	1,56
LPP 1197	13,8	14,6	14,6	15,6	14,7	1,13
P 3	15,1	16,2	16,4	17,3	16,3	1,15
LPP 1221	18,7	19,2	19,6	20,3	19,5	1,09
NAK34/12–2	13,6	15,9	14,6	15,3	14,9	1,17
NAK 22/12	15,3	12,5	17,4	18,2	15,9	1,46
TV 1100	17,1	19,0	18,4	17,7	18,1	1,11
LSD$_{05}$	*0,6*	*0,7*	*0,5*	*0,8*	–	–

O teor de proteínas no grão das variedades e estirpes de trigo espelta também dependeu de factores abióticos que variaram ao longo dos anos de investigação. Entre o teor de proteínas e a altura das plantas, verificou-se uma correlação direta muito elevada para a variedade Schwabenkom (r = 0,98), a LPP 1197 (r = 0,94) e as estirpes NAK34/12-2 (r = 0,93); foi elevada para a variedade NSS 6/01 (r = 0,86), a LPP 1304 (r = 0.78), P3 (r = 0,89) e estirpes LPP 1221 (r = 0,83); registou-se uma correlação significativa para a variedade Zoria Ukrainy (r = 0,65); a correlação não foi significativa para a variedade Shvedska 1 (r = 0,47), LPP 3122/2 (r = 0,37) e estirpes TV1100 (r = 0,41). É óbvio que com o aumento da altura da planta, a proporção de azoto reutilizado da massa vegetativa aumentou para a formação de proteínas. O acamamento não afectou o teor de proteínas, uma vez que as plantas de trigo restabeleceram a posição vertical do caule após o acamamento. No entanto, a estirpe LPP 3373 apresentou uma forte correlação inversa entre o teor de proteínas e a altura da planta, uma vez que a resistência ao acamamento em 2016 foi baixa (3 pontos).

O teor de proteínas também foi afetado pelos danos causados às plantas pelos agentes patogénicos da ferrugem castanha da folha e da septoriose. Assim, existe uma correlação inversa muito forte entre o teor de proteínas e o índice de desenvolvimento da doença para as estirpes LPP 3132 (r = - 0,92) e LPP 3373 (r = -0,98); existe uma correlação forte para as estirpes LPP 3117 (r = -0,71), LPP 1197 (r = -0,76) e LPP 1224 (r = -0,87) e uma correlação média para a variedade Shvedska 1 (r = -0,31) e a estirpe LPP 3122/2 (r = -0,32). Para as outras variedades e estirpes, as lesões da doença não afectaram o teor de proteínas do grão de trigo espelta.

Os resultados dos estudos indicam que o teor de aminoácidos no grão de trigo espelta variava significativamente consoante a variedade e a estirpe. A quantidade de aminoácidos no grão variou de 17,84% na variedade Zoria Ukrainy a 12,46% na estirpe LPP 3122/2 (quadro 8). Este indicador para as variedades de espelta obtidas pelo método de seleção local foi 7-25% inferior ao da variante de controlo. O teor mais elevado de aminoácidos encontrava-se no grão das estirpes obtidas pela hibridação de *Triticum aestivum/Triticum spelta* LPP 3373 e LPP 1221 (17,35-18,61%) e da estirpe obtida pela hibridação de *Triticum aestivum* (variedade Kharkivska 26)/*Triticum Kiharae* e TV 1100 (17,50%).

Tabela 8. Teor de aminoácidos combinados no grão de diferentes variedades e estirpes de trigo espelta (2015), %

Amino acid	Variety, strain																LSD_{05}
	Zoria Ukrainy (st)	NSS 6/01	Shvedska 1	Schwaben-korn	LPP 3122/2	LPP 3117	LPP 1224	LPP 3132	LPP 1197	P 3	LPP 1304	LPP 3373	LPP 1221	NAK34/12-2	NAK 22/12	TV 1100	
V	0.73	0.62	0.71	0.88	0.67	0.69	0.59	0.65	0.72	0.89	0.81	0.53	0.82	0.58	0.79	0.83	0.04
I	0.85	0.56	0.60	0.71	0.77	0.57	0.62	0.56	0.59	0.76	0.78	0.91	0.74	0.65	0.82	0.89	0.04
L	1.22	0.93	1.25	1.32	1.13	0.76	0.99	0.87	1.10	1.37	1.25	1.35	1.18	0.94	1.13	1.08	0.06
K	0.66	0.41	0.44	0.57	0.53	0.48	0.45	0.55	0.37	0.61	0.62	0.69	0.75	0.41	0.72	0.48	0.03
M	0.13	0.10	0.15	0.12	0.09	0.13	0.14	0.12	0.11	0.19	0.17	0.16	0.12	0.13	0.19	0.10	0.01
T	0.62	0.43	0.52	0.67	0.48	0.42	0.31	0.47	0.41	0.71	0.41	0.76	0.71	0.52	0.69	0.73	0.03
W	0.21	0.18	0.16	0.16	0.29	0.13	0.18	0.15	0.26	0.29	0.15	0.33	0.34	0.33	0.31	0.34	0.01
F	0.86	0.58	0.61	0.77	0.79	0.59	0.71	0.67	0.65	0.89	0.88	0.92	0.89	0.66	0.93	0.74	0.04
Σ_e	5.28	3.81	4.44	5.20	4.75	3.77	3.99	4.04	4.21	5.71	5.07	5.65	5.55	4.22	5.58	5.19	0.24
A	0.62	0.52	0.62	0.62	0.47	0.57	0.48	0.62	0.53	0.52	0.53	0.70	0.71	0.48	0.84	0.67	0.03
R	0.81	0.63	0.77	0.73	0.55	0.68	0.65	0.58	0.51	0.61	0.57	0.84	0.83	0.85	0.77	0.93	0.04
D	0.98	0.64	0.92	0.88	0.61	0.74	0.67	0.96	0.64	0.70	0.78	1.02	0.92	0.86	0.95	1.01	0.04
H	0.67	0.46	0.53	0.58	0.53	0.54	0.48	0.69	0.46	0.47	0.67	0.63	0.78	0.56	0.55	0.41	0.03
G	0.86	0.63	0.72	0.91	0.50	0.57	0.56	0.96	0.54	0.63	0.62	0.74	0.98	0.73	0.81	0.84	0.04
E	4.68	4.02	3.19	4.39	2.71	3.63	3.67	3.62	4.14	3.84	3.96	4.28	4.74	3.04	3.72	4.96	0.20
P	1.79	1.42	0.89	1.66	1.25	1.22	1.36	0.73	1.23	1.13	1.18	1.38	1.78	1.48	1.64	1.68	0.07
S	1.06	0.67	0.69	0.86	0.57	0.57	0.42	0.78	0.69	0.72	0.72	1.03	1.17	0.61	0.52	0.93	0.04
Y	0.68	0.41	0.51	0.41	0.37	0.27	0.45	0.34	0.38	0.34	0.42	0.61	0.63	0.47	0.59	0.45	0.02
C	0.41	0.22	0.42	0.28	0.15	0.21	0.21	0.25	0.39	0.18	0.39	0.47	0.52	0.23	0.23	0.43	0.02
Σ_r	12.56	9.62	9.26	11.32	7.71	9.00	8.95	9.53	9.51	9.14	9.84	11.70	13.06	9.31	10.62	12.31	0.51
Σ_a	17.84	13.43	13.70	16.52	12.46	12.77	12.94	13.57	13.72	14.85	14.91	17.35	18.61	13.53	16.20	17.50	0.75

20

O conteúdo de aminoácidos no grão de outras estirpes variou de 12,46 a 16,20% ou foi inferior em 9-30% em comparação com a variante de controlo *(LSD$_0$ 5=0,75)*.

O valor biológico da proteína é determinado pelo teor de aminoácidos essenciais e pela pontuação de aminoácidos. O teor mais elevado de aminoácidos essenciais foi registado no grão das variedades Zoria Ukrainy, Schwabenkom, P 3, LPP 1304, LPP 3373, LPP 1221, NAK 22/12 e TV 1100 (5,07-5,71%). Variou de 3,81 a 4,75% ou foi inferior em 10-28% à variante de controlo no grão de outras estirpes.

O principal é o ácido glutâmico, cujo teor variou de 2,71 a 4,96%, consoante a variedade e a estirpe. Além disso, o teor de leucina e prolina era também mais elevado do que o de outros aminoácidos, variando de 0,73% na variedade LPP 3132 a 1,79% na variedade Zoria Ukrainy. A quantidade de triptofano no grão de trigo espelta foi a mais baixa - de 0,13 a 0,34%, consoante a variedade e a estirpe.

Verificou-se que o metabolismo mais elevado de aminoácidos essenciais se encontrava no grão das variedades Shvedska 1 e Schwabenkom (0,46-0,48) e nas estirpes LPP 1304, LPP 3122/2, P 3 e NAK 22/12 era de 0,52-0,62 ou mais, 24-48%, em comparação com a variante de controlo (Quadro 9). O grão da variedade Shvedska 1 teve o indicador mais baixo (0,40) e as outras variedades e linhas estudadas tiveram 0,42-0,48. O valor do coeficiente de eficiência do metabolismo mostra que o aumento do teor de aminoácidos no grão de trigo espelta se deve à substituição dos seus compostos.

O teor de aminoácidos essenciais é mais equilibrado no grão das variedades Zoria Ukrainy, P 3, LPP 3373, LPP 1221, NAK 22/12 e TV 1100, como evidenciado pelo Índice de Classificação Integrada (IRI) - 1,57-1,72 (Quadro 9). O pior indicador do IRI foi encontrado na variedade NSS 6/01, nas estirpes LPP 1224, LPP 1197 e LPP 3117 obtidas pela hibridação de *Triticum aestivum/Triticum spelta* (1,06-1,16). Os indicadores IRI de outras variedades e estirpes de trigo espelta estudadas variaram de 1,27 a 1,42.

O teor de aminoácidos do grão de trigo espelta é geralmente deficiente. Foi determinado que, no grão das variedades NSS 6/01, Shvedska 1, LPP 1197, LPP 1224, LPP 3117, LPP 3122/2, NAK34/12-2 e TV 1100, o aminoácido limitado é a lisina, cujo teor de aminoácidos varia entre 61% e 87% (10). Além disso, no grão da variedade NSS 6/01, das estirpes LPP 3117 e LPP 3122/2, a metionina também era deficiente - 62-87% - e no grão da estirpe LPP 1224, a contagem de aminoácidos da treonina era de 70%.

Tabela 9. Coeficiente de eficiência do metabolismo e índice de classificação integrado do teor de aminoácidos essenciais no grão de diferentes variedades e estirpes de trigo espelta, 2015

Variety, strain	MC[*]	± to st	IRL[**]	± to st
Zoria Ukrainy (st)	0.42	–	1.58	–
NSS 6/01	0.40	-0.02	1.11	-0.47
Shvedska 1	0.48	0.06	1.31	-0.27
Schwabenkorn	0.46	0.04	1.42	-0.16
LPP 3117	0.42	0.00	1.06	-0.52
LPP 1224	0.45	0.03	1.13	-0.45
LPP 3132	0.42	0.00	1.16	-0.42
LPP 1197	0.44	0.02	1.27	-0.31

LPP 3122/2	0.62	0.20	1.31	-0.27
LPP 1304	0.52	0.10	1.41	-0.17
P 3	0.62	0.20	1.57	-0.01
LPP 3373	0.48	0.06	1.72	0.14
LPP 1221	0.42	0.00	1.75	0.17
NAK34/12–2	0.45	0.03	1.28	-0.30
TV 1100	0.42	0.00	1.60	0.02
NAK 22/12	0.53	0.11	1.64	0.06
LSD_{05}	0.02	–	0.07	–

Nota. MC - coeficiente de metabolismo, IRI - Índice de Classificação Integrada

Verifica-se que, para a exatidão da determinação do teor de aminoácidos no grão, cerca de 5% para uma pontuação de 95%, este é considerado deficiente. Consequentemente, o grão de outras variedades e estirpes de trigo espelta é o mais equilibrado, porque o teor de aminoácidos não é deficitário.

Os estudos revelaram que 100 g de grãos de trigo espelta satisfazem melhor as necessidades biológicas de um adulto em isoleucina - em 28-46%, triptofano - em 16-43%, prolina - em 16-40%, ácido glutâmico - em 22-35%, valina - em 21-36% e leucina - em 17-30% (Quadro 11).

Tabela 10. Teor de aminoácidos do grão de diferentes variedades e estirpes de trigo espelta (2015), %

Amino acid	FAO, g/kg	Variety, strain															
		Zoria Ukrainy (st)	NSS 6/01	Shvedska 1	Schwabenkorn	LPP 1197	LPP 1224	LPP 3117	LPP 3122/2	LPP 3132	P 3	LPP 1304	LPP 3373	LPP 1221	NAK34/12–2	TV 1100	NAK 22/12
V	5.5	133	113	129	160	131	107	125	122	118	162	147	96	149	105	151	144
I	4.4	193	127	136	161	134	141	130	175	127	173	177	207	168	148	202	186
L	7.7	158	121	162	171	143	129	99	147	113	178	162	175	153	122	140	147
K	6.1	108	67	72	93	61	74	79	87	90	100	102	113	123	67	79	118
M+C	3.9	138	82	146	103	128	90	87	62	95	95	144	162	164	92	136	108
T	4.4	141	98	118	152	93	70	95	109	107	161	93	173	161	118	166	157
W	1.1	191	164	145	145	236	164	118	264	136	264	136	300	309	300	309	282
F+Y	6.6	233	150	170	179	156	176	130	176	153	186	197	232	230	171	180	230

Tabela 11. Necessidade biológica de um adulto em aminoácidos essenciais e sua manutenção de 100g de grãos de diferentes variedades e estirpes de trigo espelta (2015), %

Amino acid	The biological need, g	Variety, strain															
		Zoria Ukrainy (st)	Shvedska 1	Schwabenkorn	NSS 6/01	LPP 1197	LPP 3117	LPP 1304	LPP 1224	LPP 3122/2	P 3	LPP 3132	LPP 3373	LPP 1221	NAK34/12–2	NAK 22/12	TV 1100
V	2,5	29	28	35	25	29	28	32	24	27	36	26	21	33	23	32	33
I	2,0	43	30	36	28	30	29	39	31	39	38	28	46	37	33	41	45
L	4,6	27	27	29	20	24	17	27	22	25	30	19	29	26	20	25	23
K	4,1	16	11	14	10	9	12	15	11	13	15	13	17	18	10	18	12
M	1,8	7	8	7	6	6	7	9	8	5	11	7	9	7	7	11	6
T	2,4	26	22	28	18	17	18	17	13	20	30	20	32	30	22	29	30
W	0,8	26	20	20	23	33	16	19	23	36	36	19	41	43	41	39	43
F	4,4	20	14	18	13	15	13	20	16	18	20	15	21	20	15	21	17
A	6,6	9	9	9	8	8	9	8	7	7	8	9	11	11	7	13	10
R	6,1	13	13	12	10	8	11	9	11	9	10	10	14	14	14	13	15
D	12,2	8	8	7	5	5	6	6	5	5	6	8	8	8	7	8	8
H	2,1	32	25	28	22	22	26	32	23	25	22	33	30	37	27	26	20
G	3,5	25	21	26	18	15	16	18	16	14	18	27	21	28	21	23	24
E	13,6	34	23	32	30	30	27	29	27	20	28	27	31	35	22	27	36
P	4,5	40	20	37	32	27	27	26	30	28	25	16	31	40	33	36	37
S	8,3	13	8	10	8	8	7	9	5	7	9	9	12	14	7	6	11
Y	4,4	15	12	9	9	9	6	10	10	8	8	8	14	14	11	13	10
C	1,8	23	23	16	12	22	12	22	12	8	10	14	26	29	13	13	24

A menor de todas foi a necessidade de lisina - 9-18%, metionina - 6-11, alanina - 7-11, arginina - 8-14, ácido aspártico - 5-8, serina - 7-14 e tirosina - 9-14%, dependendo da variedade e da estirpe. Entre as variedades e estirpes estudadas, 100 g de grão da variedade Zoria Ukrainy foram os que mais necessitaram - 7-43%, esta quantidade de grão de P 3 - 6-36, LPP 3373 - 8-46, LPP 1221 - 8-43, NAK 22/12 - 8-41 e estirpes TV 1100 - 6-45%, dependendo do aminoácido.

O ponto isoelétrico da proteína das variedades de trigo espelta variou de 5,2 a 5,7 e nas estirpes foi de 5,1 a 6,7 (Fig. 1). Os grãos das variedades NSS 6/01 e Schwabenkom, das estirpes LPP 3132, LPP 3373 e LPP 1224 tiveram o seu indicador mais elevado ou mais de 4-26% em comparação com a variante de controlo. A proteína da variedade Shvedska 1, as estirpes LPP 1197, P 3, NAK 22/12 e TV 1100 tiveram o ponto isoelétrico mais baixo (5,0-5,2).

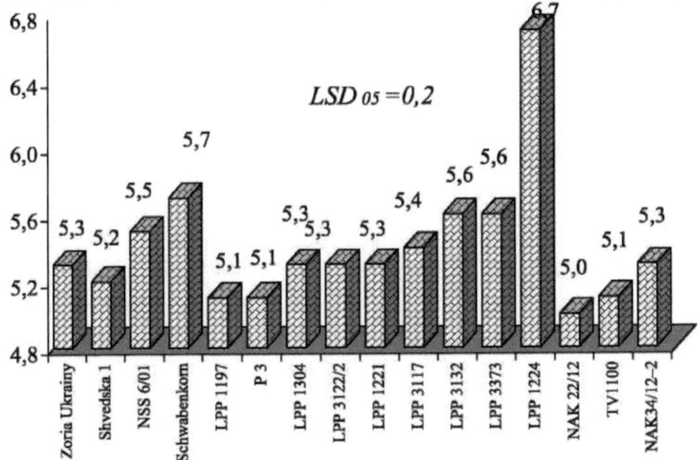

Fig.1. Ponto isoelétrico da proteína de diferentes variedades e estirpes de trigo espelta em 2015

Entre o ponto isoelétrico da proteína e o teor de proteínas formadoras de glúten no grão de trigo existe uma correlação direta elevada (r = 0,85 ± 0,003). Esta é descrita pela equação de regressão y = 0,0423x + 2,3427 em que y é o ponto isoelétrico da proteína; X é a proporção de proteínas formadoras de glúten, % (Fig.2).

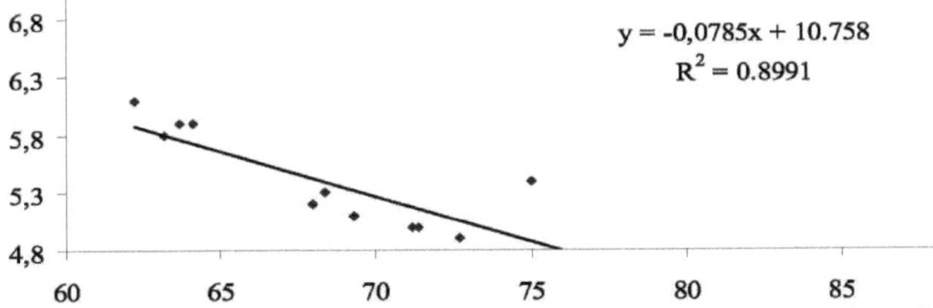

Fig. 2. Correlação entre o ponto isoelétrico da proteína e o teor de proteínas formadoras de glúten, 2015

O teor de proteínas mais elevado registou-se no grão da variedade Zoria Ukrainy - 23,9% (quadro 12).

Quadro 12. Teor de proteínas no grão de diferentes variedades e estirpes de trigo espelta, %

Variety, strain	Year of research				Average for four years
	2013	2014	2015	2016	
Zoria Ukrainy (st)	23.2	24.0	23.1	25.3	23.9
Shvedska 1	13.7	12.0	15.5	14.1	13.8
NSS 6/01	15.8	22.9	17.3	18.2	18.6
Schwabenkorn	17.6	21.1	19.8	22.0	20.1
LPP 3117	12.9	13.7	14.3	11.9	13.2
LPP 3122/2	13.9	13.3	14.2	14.8	14.1
LPP 1224	13.8	14.6	15.4	13.3	14.3
LPP 1304	12.8	13.1	15.7	18.8	15.1
LPP 1197	15.7	16.6	15.2	16.0	15.9
LPP 3373	17.6	14.3	19.4	13.7	16.3
LPP 3132	16.2	17.9	17.1	14.9	16.5
P 3	15.4	16.5	16.8	17.7	16.6
LPP 1221	19.9	21.3	22.0	22.8	21.5
NAK34/12–2	15.1	16.7	17.0	18.1	16.7
NAK 22/12	16.5	14.2	18.1	18.9	16.9
TV 1100	19.2	21.3	20.1	19.3	20.0
LSD_{05}	0.7	0.9	0.6	0.9	–

O teor de proteínas no grão de outras variedades variou de 13,8 a 20,1% ou menos em 16-42%, no grão de estirpe - de 13,2 a 21,5% ou menos em 10-45% em comparação com a variante de controlo. O teor de proteínas no grão das variedades de trigo espelta foi de até 1,2-2,2 pontos, nas estirpes obtidas pela hibridação de *Triticum aestivum / Triticum spelta* de 0,3-2,5 pontos, nas estirpes introgressivas - de 1,0-1,9 pontos mais alto do que o teor de proteínas. O teor de proteínas no grão durante os anos de investigação alterou-se da mesma forma que o teor de proteínas. A proporção de compostos contendo azoto não proteico no grão de trigo variou entre 2-18%, dependendo da variedade e da estirpe, dependendo do genótipo da variedade (Fig.3). Assim, entre as variedades obtidas pelo método de seleção, a quantidade de compostos contendo azoto não proteico no grão foi de 10-13%. As estirpes LPP 3373, LPP 3132 e NAK 34 / 12-2 apresentaram o teor mais elevado de compostos contendo azoto não proteico de 12-18%. O indicador mais pequeno foi registado nas estirpes P 3, LPP 3122/2 e LPP 1304 (2-6%).

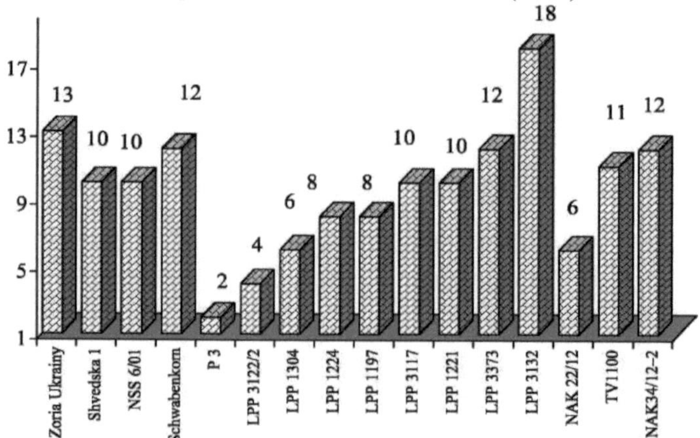

Fig.3. Proporção de compostos azotados não proteicos no grão de diversas variedades e

estirpes de trigo espelta (em 2013-2015), %

Quadro 13. Teor de aminoácidos livres no grão de diferentes variedades e estirpes de trigo espelta (2015), %

Amino acid	Variety, strain																LSD_{05}
	Zoria Ukrainy (st)	Shvedska 1	NSS 6/01	Schwabenkor n	LPP 3122/2	LPP 1304	P 3	LPP 3117	LPP 1197	LPP 1224	LPP 3373	LPP 1221	LPP 3132	NAK 22/12	TV 1100	NAK34/12–2	
V	0.26	0.05	0.09	0.20	0.01	0.03	0.04	0.04	0.03	0.11	0.17	0.22	0.27	0.08	0.22	0.21	0.01
I	0.08	0.02	0.02	0.04	0.01	0.01	0.01	0.01	0.02	0.01	0.06	0.09	0.07	0.02	0.04	0.05	0.01
L	0.13	0.04	0.03	0.06	0.01	0.02	0.01	0.02	0.03	0.03	0.05	0.11	0.12	0.03	0.06	0.09	0.01
K	0.10	0.01	0.02	0.03	0.00	0.01	0.01	0.03	0.01	0.03	0.05	0.05	0.04	0.05	0.04	0.04	0.01
M	0.008	0.002	0.005	0.003	0.004	0.001	0.003	0.003	0.002	0.003	0.005	0.050	0.003	0.004	0.004	0.004	0.001
T	0.07	0.01	0.02	0.05	0.01	0.01	0.02	0.02	0.02	0.04	0.06	0.08	0.06	0.03	0.03	0.05	0.01
W	0.11	0.02	0.02	0.08	0.01	0.01	0.02	0.01	0.03	0.02	0.04	0.07	0.05	0.01	0.05	0.06	0.01
F	0.09	0.01	0.03	0.06	0.01	0.01	0.01	0.01	0.02	0.01	0.04	0.08	0.06	0.01	0.02	0.06	0.01
Σ_e	0.85	0.16	0.24	0.52	0.07	0.10	0.12	0.14	0.16	0.25	0.48	0.75	0.67	0.23	0.46	0.56	0.02
A	0.23	0.03	0.11	0.17	0.02	0.02	0.02	0.04	0.06	0.02	0.19	0.16	0.17	0.03	0.25	0.25	0.01
R	0.15	0.04	0.07	0.09	0.01	0.03	0.01	0.02	0.04	0.05	0.11	0.11	0.11	0.04	0.09	0.13	0.01
D	0.24	0.02	0.13	0.19	0.01	0.04	0.03	0.01	0.04	0.05	0.20	0.13	0.19	0.07	0.17	0.28	0.02
H	0.18	0.02	0.07	0.05	0.01	0.02	0.02	0.03	0.05	0.04	0.06	0.10	0.10	0.03	0.06	0.11	0.01
G	0.19	0.02	0.06	0.07	0.02	0.01	0.03	0.03	0.06	0.06	0.09	0.08	0.09	0.02	0.08	0.12	0.01
E	0.54	0.02	0.15	0.28	0.01	0.02	0.02	0.04	0.03	0.07	0.12	0.28	0.33	0.07	0.13	0.41	0.02
P	0.48	0.02	0.17	0.34	0.01	0.01	0.03	0.03	0.04	0.08	0.17	0.34	0.41	0.07	0.30	0.08	0.02
S	0.61	0.01	0.21	0.23	0.01	0.02	0.04	0.03	0.03	0.14	0.21	0.24	0.25	0.09	0.18	0.34	0.02
Y	0.25	0.07	0.15	0.08	0.01	0.01	0.01	0.01	0.01	0.02	0.09	0.02	0.02	0.02	0.09	0.06	0.01
Σ_r	2.87	0.25	1.12	1.50	0.11	0.18	0.21	0.24	0.36	0.53	1.24	1.46	1.67	0.44	1.35	1.78	0.05
Σ_a	3.72	0.41	1.36	2.02	0.18	0.28	0.33	0.38	0.52	0.78	1.72	2.21	2.34	0.67	1.81	2.34	0.10

O grão das variedades de espelta com maior teor de compostos azotados não proteicos é perspectivado como forragem, uma vez que a sua digestibilidade no organismo dos animais é superior à das proteínas.

O teor de aminoácidos que não foram incluídos na estrutura proteica variou significativamente consoante a variedade e a estirpe de trigo espelta (quadro 13). O grão da variedade Zoria Ukrainy tinha a quantidade mais elevada de aminoácidos livres (3,72%). No grão das restantes variedades, o teor de aminoácidos livres variou de 0,41 a 2,02% e no grão das estirpes de 0,18 a 2,34%. O teor de aminoácidos essenciais variou de 0,10 a 0,85%, o que corresponde a 23-36% da sua quantidade total.

Um dos principais indicadores das propriedades de panificação dos cereais é o teor de glúten, que representa o complexo proteico. Estudos efectuados mostraram que o teor de glúten variava entre 25,5 e 46,3%, dependendo da variedade e da estirpe (Quadro 14).

Quadro 14. Teor de glúten no grão de diferentes variedades e estirpes de trigo espelta, %

Variety, strain	Year of research				Average for four years	The ratio of gluten to protein
	2013	2014	2015	2016		
Zoria Ukrainy (st)	45.1	47.6	42.2	50.4	46.3	2.2
Shvedska 1	22.5	25.1	31.6	25.4	26.2	2.1
NSS 6/01	30.2	47.2	35.7	42.3	38.9	2.3
Schwabenkorn	36.7	40.0	43.6	40.2	40.1	2.2
LPP 3117	24.3	26.0	30.4	21.4	25.5	2.1
LPP 3373	34.8	23.7	35.2	20.6	28.6	2.0
LPP 1224	26.7	29.2	38.8	22.5	29.3	2.2
LPP 3122/2	28.4	25.9	32.0	34.3	30.2	2.2
LPP 1304	25.3	27.2	30.8	39.7	30.8	2.2
LPP 3132	30.0	32.0	36.6	25.1	30.9	2.2
LPP 1197	30.1	32.8	29.2	35.7	32.0	2.2
P 3	32.4	35.7	32.8	42.1	35.8	2.2
LPP 1221	39.5	43.5	43.6	44.7	42.8	2.2
NAK34/12–2	30.1	34.8	29.2	32.6	31.7	2.1
NAK 22/12	37.1	28.0	34.8	40.2	35.0	2.2
TV 1100	35.1	43.9	36.8	30.6	36.6	2.0
LSD_{05}	1.5	1.7	1.6	1.8	–	–

Nenhuma das variedades excedeu a variante de controlo, que era de 46,3%. Os grãos das variedades de trigo Zaria Ukrainy, Schwabenkom e NSS 6/01, as estirpes LPP 1221 e TV 1100 tinham um teor de glúten muito elevado (superior a 36,0%). As estirpes LPP 1197, P 3, NAK34 / 12-2 e NAK 22/12 tinham um teor de glúten elevado (31,0-35,9%) e a estirpe LPP 3117 tinha um teor baixo (21,0-25,9%). Os grãos de outras variedades e estirpes tinham este indicador a um nível médio - 26,0-30,9%. A origem das variedades e estirpes não afectou este indicador, porque em cada grupo de formas investigadas de trigo espelta havia grãos com alto e médio teor de glúten.

Verificou-se que o teor de glúten no grão de trigo variou significativamente durante os anos de investigação. A qualidade do grão é influenciada pela temperatura do ar durante o período de maturação do leite e da cera de leite. Durante os anos de investigação, a temperatura do ar foi óptima (25-28°C). No entanto, o teor de glúten no grão variou em função dos factores bióticos.

Sabe-se que a qualidade do grão das culturas cerealíferas depende significativamente da quantidade de azoto reutilizado da massa vegetativa [8]. É óbvio que, com uma diminuição da massa das plantas, o índice de re-nitrogénio diminuirá. As plantas foram as mais baixas em 2013 (91-128 cm), uma vez que durante o crescimento intensivo do caule (o terceiro período de dez dias de abril - o segundo período de dez dias de maio) houve apenas 20,3 mm de precipitação. Noutros anos, a altura das plantas de trigo espelta foi 10-40% superior à de 2013. O elevado teor de glúten no grão das variedades Zoria Ukrainy e Schwabenkom e das estirpes NAK 22/12 e TV 1100 em 2013 deveu-se à formação de uma maior massa vegetativa das plantas. Estas variedades formaram níveis elevados de glúten ao longo dos anos de investigação. O teor de glúten no grão de outras variedades e estirpes variou em função da resistência ao acamamento e dos danos causados pelos agentes patogénicos da ferrugem castanha e da septoriose.

A relação entre o glúten e a proteína em 11 formas de trigo foi de 2,2 em 16 formas de trigo espelta; em 3 formas foi de 2,1 e nas restantes foi de 2,0 e 2,3. Este facto permite utilizar o teor de glúten para determinar o teor de proteínas e vice-versa.

Foi encontrada uma correlação direta muito elevada (r = 0,95 ± 0,01) entre o teor de proteínas e o teor de glúten no grão de trigo espelta, descrita pela equação de regressão:

Y = 0,373 lx + 2,9568, em que y é o teor de proteínas (%);

x é o teor de glúten (%) (Fig.4).

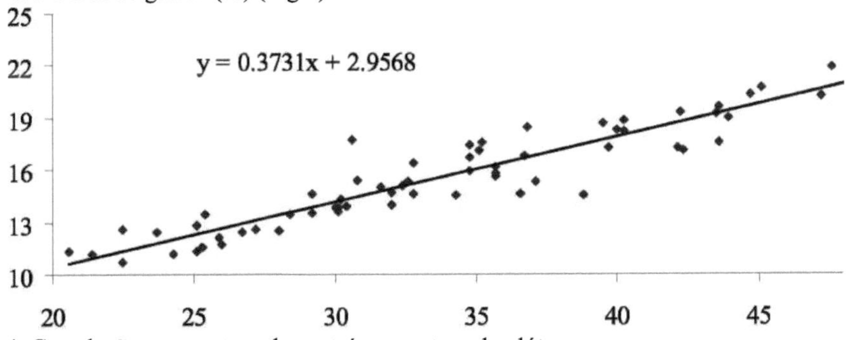

Fig.4. Correlação entre o teor de proteínas e o teor de glúten

A capacidade de hidratação do glúten das variedades de trigo espelta variou de 187 a 211% ou foi inferior em 5-15% em comparação com a variante de controlo. Nas estirpes de trigo espelta, variou de 167 a 231%. O glúten das estirpes LPP 3122/2, P 3 e NAK 22/12 teve a maior capacidade de hidratação (217-231%), que foi significativamente mais elevada do que a variante de controlo $(LSD_{05} = 9)$.

O teor da fração gliadina + glutenina no grão das variedades de trigo espelta variou de

68,0 a 86,4% e nas estirpes de grão de 63,7 a 86,2% (quadro 15). O teor da fração solúvel em água e em sal foi inversamente proporcional ao teor das proteínas formadoras de glúten. O teor mais elevado da fração leucosa + globulina foi caracterizado pelo grão das variedades Zoria Ukrainy e Shvedska 1, P 3, LPP 1197, LPP 3122/2, NAK 22/12 e TV 1100 (30,7-37,8%).

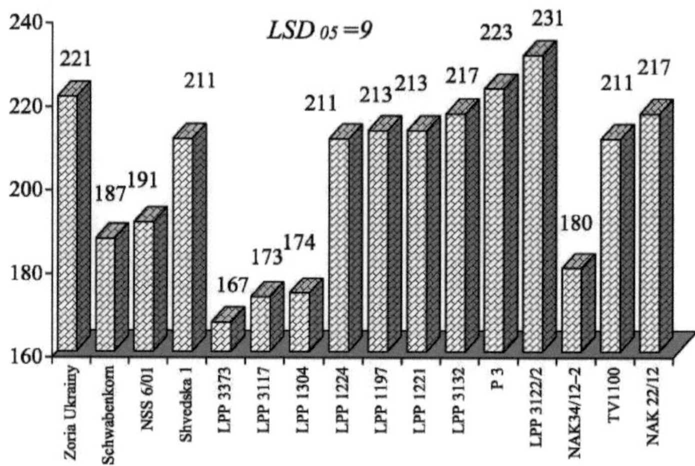

Fig. 5. Capacidade de hidratação do glúten de diferentes variedades e estirpes de trigo espelta (em 2015), %

Quadro 15. Teor das fracções proteicas no grão de diversas variedades e estirpes de trigo espelta (em 2015), %

Variety, strain	Content of fractions			
	gliadin + glutenin	± to st	leucosa + globulin	± to st
Zoria Ukrainy (st)	68.4	–	31.6	–
Shvedska 1	68.0	-0.4	32.0	0.4
NSS 6/01	77.8	9.4	22.2	-9.4
Schwabenkorn	86.4	18.0	13.6	-18.0
P 3	62.2	-6.2	37.8	6.2
LPP 1197	63.7	-4.7	36.3	4.7
LPP 3122/2	69.3	0.9	30.7	-0.9
LPP 1221	71.4	3.0	28.6	-3.0
LPP 1304	72.7	4.3	27.3	-4.3
LPP 3373	75.0	6.6	25.0	-6.6
LPP 3132	78.8	10.4	21.2	-10.4
LPP 3117	79.9	11.5	20.1	-11.5
LPP 1224	86.2	17.8	13.8	-17.8
NAK 22/12	63.2	-5.2	36.8	5.2
TV 1100	64.1	-4.3	35.9	4.3
NAK34/12–2	71.2	2.8	28.8	-2.8
LSD05	*3.3*	–	*1.4*	–

Os resultados da investigação mostram que o teor de amido no grão de trigo espelta variava entre 56,9 e 63,7%, consoante a variedade e a estirpe, e dependia significativamente das condições climatéricas do ano de investigação (quadro 16). Os grãos da variedade Shvedska 1, das estirpes LPP 3373 e LPP 3117 apresentaram o teor de amido mais elevado em comparação com os da variedade Zoria Ukrainy (st) - 62,7-63,9% ou mais, em 5,9-7,1 pontos.

Quadro 16. Teor de amido no grão de diferentes variedades e estirpes de trigo espelta, %

Variety, strain	Year of research				Average for four years
	2013	2014	2015	2016	
Zoria Ukrainy (st)	58.1	56.9	57.7	54.3	56.8
NSS 6/01	59.9	54.3	56.4	53.1	55.9
Schwabenkorn	59.2	57.1	60.2	57.9	58.6
Shvedska 1	66.8	65.2	59.4	61.8	63.3
LPP 1221	59.7	57.1	56.4	54.2	56.9
P 3	59.4	57.3	56.2	55.1	57.0
LPP 3132	61.4	60.0	59.3	62.3	60.8
LPP 3122/2	61.8	63.4	60.0	58.5	60.9
LPP 1197	63.1	61.4	61.0	58.6	61.0
LPP 1304	64.3	62.1	60.7	57.6	61.2
LPP 1224	63.0	62.6	60.9	58.3	61.2
LPP 3373	60.7	65.8	57.3	66.9	62.7
LPP 3117	64.4	64.2	62.4	64.7	63.9
NAK 22/12	60.2	59.2	57.5	55.1	58.0
TV 1100	59.6	56.7	58.3	59.7	58.6
NAK34/12–2	62.5	60.2	61.3	58.7	60.7
LSD_{05}	2.9	2.7	2.8	2.6	–

O aumento do teor de proteínas reduziu o teor de amido no grão de trigo, uma vez que entre estes indicadores se registou uma correlação inversa elevada (r = -0,82 ± 0,001). Este facto é descrito pela equação de regressão y = -0,9119x + 74,025, em que y é o teor de amido, %; X é o teor de proteínas, % (Fig. 6).

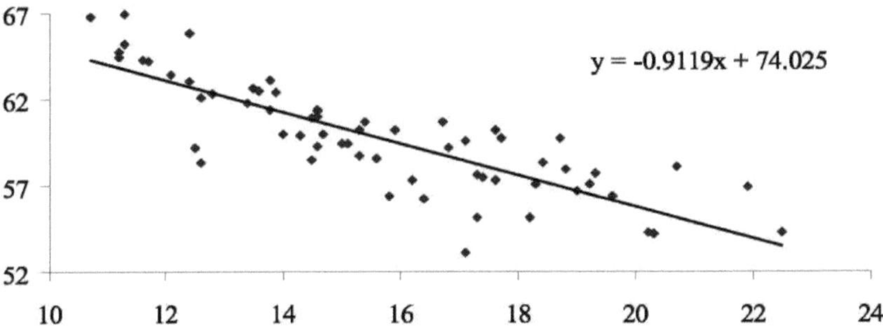

Fig.6. Correlação entre o teor de amido e o teor de proteína no grão de trigo espelta, em 2013-2016.

Para além de suprir as necessidades de proteínas e hidratos de carbono, o grão de trigo tem um elevado valor como fonte natural de antioxidantes valiosos, cujo consumo contribui para a prevenção de muitas doenças humanas crónicas perigosas (Carter et al., 2006; Brindzova et al., 2009; Carlsen et al., 2010; Cukelj et al., 2010). A distribuição desigual de antioxidantes em diferentes partes morfológicas do grão explica o valor inferior dos alimentos derivados da farinha e a utilização generalizada de sementes de farelo em receitas como aditivos biologicamente valiosos, bem como um aumento significativo da procura de alimentos integrais xapuyBaniis (Adorn, Sorrells & Liu, 2005; Beta, 2005; Gallardo et al, 2006; Menga et al., 2010; Okarter & Liu, 2010; Gianotti et al., 2011; Ivanisova et al., 2012; Gani et al., 2012; Yu. et al., 2013; Fogarasi et al., 2015). Este facto explica o interesse dos criadores de culturas na criação de novas variedades com elevado teor de vários pigmentos, principalmente antocianinas.

Para avaliar o potencial da atividade antioxidante de novas formas de criação, são amplamente utilizados vários sistemas de ensaio, que diferem tanto nos mecanismos de prevenção ou neutralização dos processos de peroxidação lipídica, como na utilização de métodos físico-químicos para o registo de vários componentes químicos que alteram a sua quantidade durante as reacções de oxidação-redução (Adorn, Liu, 2005; Apak et al., 2013).

Atualmente, o mais utilizado é o sistema de teste baseado na utilização de uma solução alcoólica de um radical estável DPPH (2,2-difenil-l-picril-hidrazil) que se descolora durante a reação de oxidação-redução sob a ação de antioxidantes. Este sistema de ensaio é bastante simples, relativamente pouco dispendioso, facilmente normalizado e bem adaptado ao rastreio de um grande número de amostras de colecções genéticas, bem como de numerosas formas de seleção intermédias resultantes de diferentes esquemas de reticulação (Antolovich et al., 2002).

Estudos demonstraram que a atividade antioxidante do grão de trigo espelta variou significativamente em função da variedade e da estirpe. Assim, este indicador para as variedades aumentou para 28,3%-31,9% ou mais em 3,0-6,6 pontos em comparação com a variante de controlo que tinha 25,3% (Quadro 17).

Quadro 17. Propriedades antioxidantes dos grãos de diferentes variedades e estirpes de trigo espelta

Variety, strain	Antioxidant activity		The equivalent of chlorogenic acid	
	%	± до st	µg/ g	± до st
Zoria Ukrainy (st)	25.3	–	356	–
Schwabenkorn	28.3	3.0	398	61
Shvedska 1	29.7	4.4	417	42
NSS 6/01	31.9	6.6	448	92
LPP 1197	25.1	-0.2	353	-3
LPP 3117	27.9	2.6	392	36
LPP 3122/2	28.6	3.3	402	78
LPP 1221	30.7	5.4	431	139
LPP 1304	30.9	5.6	434	46
P 3	33.4	8.1	469	113
LPP 3132	34.8	9.5	489	133

LPP 1224	35.2	9.9	495	149
LPP 3373	35.9	10.6	505	75
TV 1100	29.4	4.1	413	147
NAK34/12–2	35.8	10.5	503	154
NAK 22/12	36.3	11.0	510	57
LSD₀₅	*1.5*	–	*21*	–

A atividade antioxidante do grão das estirpes de trigo espelta foi 2,6-11,0 pontos mais elevada, exceto a estirpe LPP 1197, em cujo grão este indicador se encontrava ao nível da variante de controlo. Os grãos das estirpes LPP 3132, LPP 1224, LPP 3373, NAK34 / 12-2 e NAK 22/12 tiveram a atividade mais elevada.

Tal como a atividade antioxidante, o indicador do equivalente de ácido clorogénico variou nas variedades de trigo de 356 a 448 pg/g de grão e nas estirpes de grão de 353 a 510 |xg/g.

Consequentemente, a produtividade das variedades e estirpes de trigo espelta depende das condições climáticas da estação de crescimento, da altura das plantas, da resistência ao acamamento e dos danos causados pelos agentes patogénicos das doenças fúngicas. A temperatura óptima do ar e a precipitação suficiente no período de crescimento intenso contribuem para um aumento da altura das plantas de 30-40% em comparação com as condições climáticas desfavoráveis do ano. A maior resistência ao acamamento é caracterizada pelas estirpes LPP 1304, P 3 e LPP 1221, cujas plantas formam o maior rendimento, que varia de 6,74 a 9,64 l/ha. O teor de proteínas e glúten no grão de trigo depende da altura das plantas e do índice de desenvolvimento de doenças. O teor mais elevado de proteínas e glúten encontra-se no grão das variedades Zoria Ukrainy e Schwabenkom, das estirpes LPP 1221 e P 3 obtidas pela hibridação de *Triticum aestivum / Triticum spelta* e da estirpe introgressiva TV 1100 (16,8-22,5%).

O teor de aminoácidos do trigo espelta e o seu valor biológico variam significativamente consoante a variedade e a estirpe. Neste caso, o teor de aminoácidos essenciais varia de 3,81 a 5,55%. Entre os aminoácidos essenciais, a proteína do trigo espelta contém maioritariamente fenilalanina e leucina. O grão da variedade Zoria Ukrainy, das estirpes LPP 3373, LPP 1221, LPP 3132, LPP 1304, P 3 e NAK 22/12 tem o valor biológico mais elevado.

CAPÍTULO 5

AVALIAÇÃO TECNOLÓGICA DO GRÃO DE DIFERENTES VARIEDADES E ESTIRPES DE ESPELTA

A qualidade do grão cultivado na Ucrânia não satisfaz tradicionalmente os requisitos estabelecidos.

Assim, em 2015, dos 25 milhões de toneladas de trigo em grão, apenas um quinto corresponde às condições para a produção de farinha. O grão, inadequado para a panificação, pode ser utilizado para produzir produtos cerealíferos que, nos últimos dez anos, foram produzidos na Ucrânia 352 mil toneladas/ano (Mykhno M., 2015).

O principal problema da nutrição é a carência de proteínas e o seu desequilíbrio. O trigo espelta é um dos tipos de trigo cujo grão contém mais proteínas equilibradas pela composição de aminoácidos. Sabe-se que as papas de espelta têm melhores propriedades de cozedura.

No entanto, os indicadores de debulha, o teor de casca e o rendimento dos cereais não são estudados (Hospodarenko G. M., et al., 2016).

As características físicas caracterizam mais pormenorizadamente as propriedades cerealíferas do grão. Estas incluem a forma do grão, as características geométricas, o peso de mil grãos, a unidade de grão, o tamanho do grão, o nivelamento por tamanho, a espessura da casca e a vitreosidade.

São decisivos na escolha dos modos e métodos de purificação do grão de impurezas, fracionamento, tratamento com água e calor, descasque, moagem, trituração e laminagem. No entanto, obtém-se um maior rendimento do produto acabado com um teor mais elevado de endosperma no grão.

A espelta combinava quase na perfeição vitaminas, minerais, oligoelementos, proteínas, hidratos de carbono e gorduras essenciais para o corpo humano. A espelta é mais rica do que o trigo normal em proteínas, ácidos gordos insaturados e fibras (Hospodarenko G. M., et al., 2016).

A par de um certo número de qualidades positivas, apresenta também alguns defeitos. Assim, em particular, a sua distribuição considerável na produção é dificultada por um rendimento relativamente baixo e por algumas características morfológicas negativas em termos de produção: elevada quebra da haste da espiga e dificuldade de debulha do grão causada por uma casca firme que cobre o grão densamente e por um período vegetativo relativamente longo. As glumas em forma de espiga e as glumas florais representam 20-30% da colheita.

É necessária uma debulha adicional para a remoção da casca (Escamot E. Jacquemin J-M, Agneessens R., Paquot M., 2012). Por conseguinte, para o grão desta cultura, é necessário determinar melhor o teor de casca.

Registou-se uma debulha completa dos grãos das estirpes LPP 1221, P 3 e LPP 3117 e da variedade Shvedska 1 (Fig.7).

34

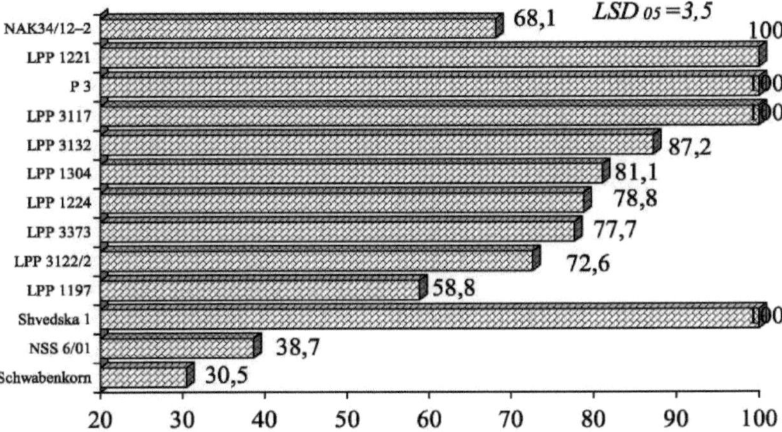

Fig.7. Debulha de grãos de diversas variedades e estirpes de trigo espelta, %

Quatro estirpes obtidas pela hibridação de *Triticum aestivum / Triticum spelta* tinham uma capacidade de debulha suficientemente elevada, que se situava entre 77,7 e 87,2%. As estirpes NAK 34 / 12-2, LPP 3122/2 e LPP 1197, com um valor de índice de debulha de 58,8-72,6%, apresentaram indicadores mais baixos. O indicador mais baixo foi o da variedade Schwabenkom e da estirpe NSS 6/01 - 30,5 e 38,7%, respetivamente. As restantes estirpes e variedades encontravam-se completamente com casca.

O teor de casca no grão de trigo variou numa ampla gama - de 30,4 a 64,8% (Fig.8). Na maioria das estirpes estudadas, este indicador excedeu significativamente a variante de controlo (variedade Zoria Ukrainy), que variou de 49,6 a 64,8%. O teor de casca da variedade Schwabenkom e da estirpe TV 1100 foi de 43,7%, ou seja, a diferença em relação à variante de controlo não foi significativa *(LSDos=2,3)*. Este indicador nas estirpes NAK34 / 12-2 e NAK 22/12 e na variedade NSS 6/01 variou de 30,4 a 39,8%, o que foi significativamente inferior à variante de controlo.

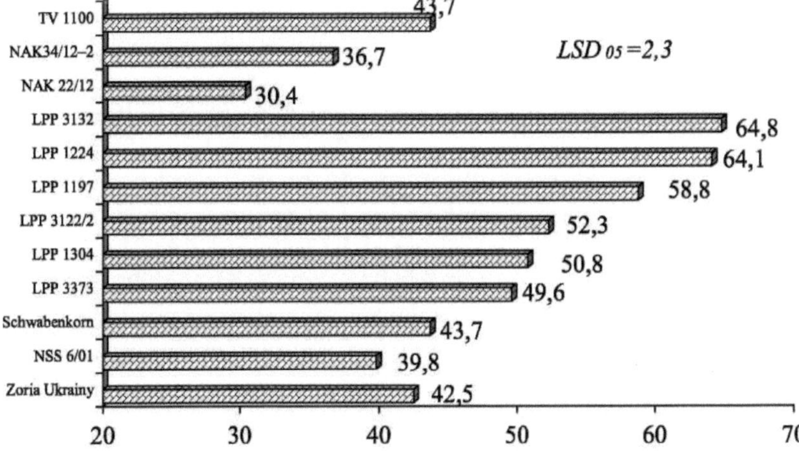

Fig.8. Teor de casca no grão de diferentes variedades e estirpes de trigo espelta, %

35

A principal matéria-prima para a produção de farinha é o grão de trigo. A escolha do esquema de separação, as características dos corpos de trabalho dos separadores e das máquinas de trituração dependem da sua forma e tamanho linear. A forma do grão afecta a densidade de colocação da massa do grão. O volume e a forma do grão estão relacionados com o teor de endosperma (Tobolova G. V., 2013). Não existem resultados sobre as características geométricas dos grãos das novas variedades de trigo, o que determina a relevância da investigação.

Verifica-se que o grão de trigo espelta pode ter um comprimento de 8,3 ± 0,2 mm, uma largura de 3,3 ±0,1 mm e uma espessura até 3,0 mm, enquanto o comprimento do grão de trigo mole varia de 6,3 a 7,7 mm, a largura é de 3,5 a 3,6 e a espessura é de 3,0 a 3,2 mm. O indicador de esfericidade está associado ao tamanho do grão. O aumento da largura e da espessura aumenta a esfericidade, resultando numa diminuição da superfície exterior, do conteúdo da casca e da camada aleurónica.

O tamanho do grão está associado a dimensões lineares (largura e espessura) que determinam o rendimento do produto acabado. Estudos realizados por G.A. Yegorov (Yegorov G. A., 2005) revelaram que o teor de endosperma na fração grande era mais elevado (83,5%) em comparação com a fração pequena (72,5%). A redução do tamanho do grão reduz significativamente a produção de gérmen devido a um aumento do número de cascas. Está provado que o tamanho do grão afecta a duração da cozedura das papas. Assim, este indicador na fração grande foi de 27 minutos, na pequena foi de 22 minutos e a taxa de cozedura foi reduzida, respetivamente, de 3,1 para 2,6.

A investigação de O.P. Gerasimchuk (Gerasimchuk's O. P., 2015) mostra que o tamanho do grão varia consoante o tipo de trigo mole. Assim, o teor de grãos grandes foi de 42,2% na variedade Artemida e na variedade Compliment foi de 63,5%. A análise da literatura científica incide principalmente no trigo mole, cujo grão difere significativamente do trigo espelta.

As características geométricas das variedades e estirpes do grão de trigo espelta não são estudadas em pormenor. De acordo com os estudos efectuados, o grão de trigo espelta é formado por um tamanho linear maior (quadro 18). Os grãos da variedade Zoria Ukrainy (8,1 mm com uma variabilidade de 7,8 a 8,4 mm (V = 2%)) e da variedade NSS 6/01 (8,0 mm) foram os mais compridos.

Quadro 18. Tamanhos lineares dos grãos das variedades e estirpes de trigo espelta, mm

Variety, strain	The length (l)			The width (a)			Thickness (b)		
	$x \pm S_x$	lim	V, %	$x \pm S_x$	lim	V, %	$x \pm S_x$	lim	V, %
Zoria Ukrainy (st)	8.1 ± 0.5	7.8–8.4	2	2.3 ± 0.3	2.1–2.5	5	2.7 ± 0.3	2.5–2.9	4
Shvedska 1	6.0 ± 1.9	5.0–7.0	11	2.4 ± 0.5	2.0–2.5	7	3.0 ± 0.1	3.0–3.1	1
Schwabenkorn	7.5 ± 0.5	7.2–7.8	2	2.2 ± 0.4	2.0–2.4	6	2.8 ± 0.4	2.6–3.0	5
NSS 6/01	8.0 ± 0.4	7.8–8.2	2	2.1 ± 0.3	2.0–2.3	5	2.5 ± 0.4	2.3–2.7	6
LPP 1197	6.9 ± 1.0	6.0–7.3	5	3.3 ± 1.4	3.0–3.6	15	2.9 ± 1.3	2.0–3.3	17
LPP 3117	7.1 ± 0.8	6.6–7.5	4	2.4 ± 0.5	2.2–2.8	7	2.8 ± 0.5	2.6–3.0	6
LPP 1304	7.3 ± 0.9	7.0–7.8	4	2.6 ± 0.6	2.3–3.0	8	3.0 ± 0.7	2.4–3.4	8
LPP 1224	7.5 ± 1.9	6.0–8.0	9	3.1 ± 1.3	2.1–3.9	15	2.8 ± 1.2	2.0–3.1	15
LPP 3122/2	6.9 ± 1.2	6.4–7.7	6	2.5 ± 1.0	2.0–3.0	14	2.7 ± 1.0	2.2–3.0	13
P 3	5.9 ± 0.6	5.5–6.0	4	2.9 ± 1.4	2.6–3.6	17	3.1 ± 0.9	3.0–3.3	10

LPP 3132	6.8 ± 0.7	6.4–7.1	4	2.5 ± 0.2	2.4–2.6	3	2.9 ± 0.3	2.7–3.0	4
LPP 3373	7.8 ± 1.8	7.0–9.0	8	2.3 ± 0.3	2.2–2.4	4	2.6 ± 1.5	2.0–3.0	20
LPP 1221	6.9 ± 1.1	6.0–7.4	6	3.2 ± 0.6	3.0–3.6	7	3.1 ± 0.3	3.0–3.3	4
NAK34/12–2	6.8 ± 1.8	6.0–8.0	9	2.5 ± 0.4	2.2–2.6	5	3.0 ± 0.1	3.0–3.1	1
NAK 22/12	7.2 ± 1.8	6.0–8.0	9	2.9 ± 1.6	2.0–3.1	20	3.0 ± 0.1	3.0–3.1	1
TV 1100	7.2 ± 1.1	6.5–7.8	6	2.3 ± 1.0	2.0–3.0	16	2.4 ± 0.8	2.0–2.8	12
LSD_{05}	0.4	–	–	0.1	–	–	0.1	–	–

O comprimento dos grãos de outras variedades e estirpes foi significativamente menor em comparação com a variante de controlo (variedade Zoria Ukrainy). Os grãos da variedade Shvedska 1 foram os mais curtos (1-6,0 mm com uma variação de 5,0 a 7,0 mm (V = 11%)). O comprimento dos grãos das variedades obtidas por hibridação de *Triticum aestivum / Triticum spelta* variou de 5,9 a 7,8 mm. Os grãos das estirpes LPP 3373 e LPP 1224 foram os mais compridos - 7,8 e 7,5 mm, respetivamente, com menos 4-7% em comparação com a variante de controlo *(LSD15=0,4)*.

A estirpe P 3 teve o comprimento de grão mais pequeno (27%) com uma variação de 5,5 a 6,0 mm (V = 4%). O comprimento do grão das estirpes obtidas por hibridação de *Triticum aestivum /* anfiplóide *(Triticum durum / Ae. tauschii)* e *Triticum kiharae* variou de 6,8 a 7,2 mm. O coeficiente de variação do comprimento do grão das variedades e estirpes de trigo espelta foi insignificante (V = 2-9%), exceto a variedade Shvedska 1. Sabe-se que o grão com um comprimento de ≥ 9 mm é considerado muito longo, o grão com um comprimento de 8-9 mm é longo, o grão de 6-8 mm é médio, o grão de 5-6 mm é curto 5-6 e um grão muito curto é ≤ 5 mm. Verifica-se que as plantas das variedades Zoria Ukrainy e NSS 6/01 formam um grão longo, a estirpe P 3 tem um grão curto e os grãos das restantes estirpes formam um grão médio.

A largura dos grãos de trigo espelta da variedade Zoria Ukrainy foi de 2,3 mm em média, com um coeficiente de variação de 5%. Estes valores na variedade Shvedska 1 e nas estirpes estudadas foram significativamente mais elevados em comparação com a variante de controlo e situaram-se no intervalo de 2,4-3,3 mm, com uma variação de 3 a 20%. A largura de grão mais pequena foi observada nas variedades Schwabenkom e NSS 6/01 - 2,2 e 2,1 mm, com uma variação de 2,0-2,4 e 2,0-2,3 mm, respetivamente. O indicador estudado das estirpes LPP 3373 e TV 1100 estava ao nível da variante de controlo de 2,3 mm com uma variação de 4 e 16%.

Sabe-se que os grãos muito largos têm uma largura ≤ 2,0 mm, os médios 1,2-2,0 mm e os estreitos < 1,2 mm. Os grãos das variedades e estirpes de trigo espelta eram muito largos.

Os grãos da variedade Shvedska 1 tinham a maior espessura (3,0 mm com uma variação de 3,0 a 3,1 mm (V = 1%)) e os grãos da variedade NSS 6/01 tinham a menor espessura (2,5 mm com uma variabilidade de 2,3 a 2,7 mm (V = 6%)). A espessura do grão das estirpes de trigo espelta variou de 2,4 a 3,1 mm. A espessura do grão de seis das doze estirpes variou numa gama mais ampla, uma vez que o coeficiente de variação foi médio (V = 10-20%). A menor variação de espessura registou-se nos grãos das variedades Shvedska 1, NAK 34/12-2 e NAK 22/12 - V = 1%.

Estima-se que a largura dos grãos das variedades de trigo espelta é 0,27-0,40 vezes inferior ao comprimento e a espessura é 0,33-0,50 vezes (quadro 19). Os grãos das variedades de trigo espelta obtidas por hibridação de *Triticum aestivum / Triticum spelta* e *Triticum aestivum* / amphiploid têm uma largura 0,29-0,49 vezes inferior e uma espessura 0,33-0,53 vezes inferior.

Os grãos da variedade Shvedska 1 apresentaram o maior rácio de largura e espessura - 1: 0,40: 0,50, bem como a estirpe P 3 - 1: 0,49: 0,53. Os grãos da variedade NSS 6/01 apresentaram a menor relação entre largura e espessura (1: 0,27: 0,33), bem como a estirpe LPP 3373 (1: 0,29: 0,33) contra 1: 0,30: 0,36 na variedade Zoria Ukrainy (st).

Quadro 19. Relação entre os tamanhos lineares dos grãos de diferentes variedades e estirpes de trigo espelta

Variety, strain	The relation of the length, width and thickness to		
	the length (l)	the width (a)	thickness (b)
Zoria Ukrainy (st)	1 : 0,30 : 0,36	3,32 : 1 : 1,20	2,77 : 0,83 : 1
Shvedska 1	1 : 0,40 : 0,50	2,50 : 1 : 1,25	2,00 : 0,80 : 1
Schwabenkorn	1 : 0,29 : 0,38	3,50 : 1 : 1,32	2,66 : 0,76 : 1
NSS 6/01	1 : 0,27 : 0,33	3,77 : 1 : 1,23	3,07 : 0,81 : 1
LPP 1197	1 : 0,36 : 0,42	2,46 : 1 : 1,04	2,38 : 0,97 : 1
LPP 3117	1 : 0,34 : 0,40	2,92 : 1 : 1,17	2,50 : 0,86 : 1
LPP 1304	1 : 0,36 : 0,41	2,81 : 1 : 1,15	2,43 : 0,87 : 1
LPP 1224	1 : 0,37 : 0,43	2,72 : 1 : 1,16	2,34 : 0,86 : 1
LPP 3122/2	1 : 0,36 : 0,39	2,76 : 1 : 1,08	2,56 : 0,93 : 1
P 3	1 : 0,49 : 0,53	2,03 : 1 : 1,07	1,90 : 0,94 : 1
LPP 3132	1 : 0,39 : 0,45	2,58 : 1 : 1,15	2,23 : 0,87 : 1
LPP 3373	1 : 0,29 : 0,33	3,39 : 1 : 1,13	3,00 : 0,88 : 1
LPP 1221	1 : 0,46 : 0,45	2,16 : 1 : 0,97	2,23 : 1,03 : 1
NAK34/12–2	1 : 0,37 : 0,44	2,72 : 1 : 1,20	2,27 : 0,83 : 1
NAK 22/12	1 : 0,40 : 0,42	2,48 : 1 : 1,03	2,40 : 0,97 : 1
TV 1100	1 : 0,32 : 0,33	3,13 : 1 : 1,04	3,00 : 0,96 : 1

Os grãos das variedades e estirpes de trigo espelta estudadas tinham uma forma diferente. No entanto, a mais comum era a forma alongada (quadro 20). Assim, os grãos da estirpe P 3 tinham uma forma semi-alongada e os da variedade Shvedska 1 tinham uma forma oval. As variedades Zoria Ukrainy e NSS 6/01, as estirpes LPP 3373 e TV 1100 tinham um grão muito alongado. Uma variedade e oito estirpes apresentavam um grão alongado.

Quadro 20. Forma dos grãos das variedades e estirpes de trigo espelta

Formula	Shape		Variety, strain
$a < l < 2a$ $b < l < 2b$		semi-prolonged	P3
$l = 2a = 2b$		oval	Shvedska 1

$2a \leq 1 \geq 2b$ $2a < 1 < 3a$ $2b < 1 < 3b$		elongated	Schwabenkorn, LPP 3132, LPP 1224, LPP 3117, LPP 1197, LPP 1304, LPP1221, NAK34/12–2, NAK 22/12
$3a \leq 1 \geq 3b$		very elongated	NSS 6/01, LPP 3373, TV 1100, Zoria Ukrainy (st)

A presença de um vinco afecta a moagem do grão. Para separar as cascas que formam o laço interior do vinco, o processo é efectuado de forma suave. Por conseguinte, quanto menor for a profundidade do vinco e a largura do seu laço, melhores serão as propriedades de moagem do grão.

Na experiência, a profundidade do vinco variou de 1,2 a 1,8 mm (quadro 21). Os grãos da variedade Schwabenkom tiveram a maior profundidade do vinco (1,5 mm com uma variabilidade de 1,4 a 1,6 mm (V = 5%)) e as variedades Zoria Ukrainy e Shvedska 1 tiveram a menor profundidade do vinco (1,2 mm com uma variabilidade de 1,1 a 1,3 mm (V = 5-6%)). A profundidade do vinco dos grãos das estirpes de trigo espelta variou de 1,3 a 1,8 mm. A profundidade do vinco em quatro das doze estirpes variou num intervalo mais alargado, uma vez que o coeficiente de variação foi médio (V = 11-15%). Foi a que menos variou nos grãos da variedade Shvedska 1, das estirpes LPP 1197, LPP 3122/2 e LPP 1304 - V = 4-5%.

Quadro 21. Características do vinco dos grãos das variedades e estirpes de trigo espelta, mm

Variety, strain	The depth of the crease (B)			The width of the loop of the crease (A)		
	$x \pm S_x$	lim	V, %	$x \pm S_x$	lim	V, %
Zoria Ukrainy (st)	1,2 ± 0,2	1,1–1,3	6	0,5 ± 0,1	0,4–0,5	11
Shvedska 1	1,2 ± 0,2	1,1–1,3	5	0,3 ± 0,1	0,3–0,4	10
NSS 6/01	1,3 ± 0,2	1,2–1,4	6	0,4 ± 0,2	0,3–0,4	15
Schwabenkorn	1,5 ± 0,2	1,4–1,6	5	0,4 ± 0,1	0,3–0,4	14
LPP 1197	1,4 ± 0,2	1,3–1,4	4	0,6 ± 0,1	0,6–0,7	8
LPP 3117	1,4 ± 0,2	1,3–1,5	6	0,6 ± 0,3	0,4–0,7	20
LPP 3373	1,4 ± 0,5	1,1–1,8	12	0,6 ± 0,4	0,4–0,8	26
LPP 3122/2	1,4 ± 0,2	1,3–1,5	4	0,4 ± 0,2	0,3–0,5	14
P 3	1,5 ± 0,4	1,3–1,7	9	0,5 ± 0,3	0,4–0,7	19
LPP 1224	1,6 ± 0,6	1,3–1,9	14	0,6 ± 0,4	0,4–0,8	24
LPP 3132	1,6 ± 0,3	1,4–1,7	8	0,7 ± 0,2	0,5–0,8	13
LPP 1304	1,7 ± 0,2	1,6–1,8	5	0,4 ± 0,2	0,3–0,5	14
LPP 1221	1,8 ± 0,7	1,3–2,0	13	0,7 ± 0,4	0,4–0,9	20
NAK34/12–2	1,3 ± 0,4	1,1–1,5	11	0,5 ± 0,3	0,4–0,7	18
TV 1100	1,5 ± 0,2	1,4–1,6	6	0,5 ± 0,1	0,5–0,6	8
NAK 22/12	1,6 ± 0,3	1,4–1,7	7	0,4 ± 0,2	0,3–0,4	15
LSD_{05}	0,1	–	–	0,1	–	–

A largura do laço do vinco das variedades de trigo espelta variou de 0,3 a 0,4 mm ou menos em 20-40% em comparação com a variante de controlo. A largura do laço do vinco de seis estirpes de doze estirpes foi de 0,4-0,5 mm a V = 8-18% e nas restantes estirpes foi de 0,6-0,7 mm a V = 13-24%. Os grãos das estirpes LPP 1197 e TV 1100, das variedades Zoria Ukrainy e Shvedska 1 apresentaram a menor variabilidade deste indicador, uma vez que o coeficiente de variação foi de 8-11%.

Verifica-se que a relação entre a profundidade e a espessura do grão de trigo espelta varia consideravelmente consoante a variedade e a estirpe (Fig. 9). Assim, nos grãos da variedade Shvedska 1 foi de 0,40, o que é significativamente inferior à variante de controlo Zoria Ukrainy (0,44) *(LSD05=0,02)*. Nos grãos de outras variedades, o rácio variou de 0,52 a 0,54. NAK 34/12-2 (0,43), LPP 1197 e P 3 (0,48) merecem atenção por este indicador. A relação entre a profundidade do vinco e a espessura do grão das outras variedades variou de 0,50 a 0,63.

A relação entre a profundidade do vinco e a espessura do miolo

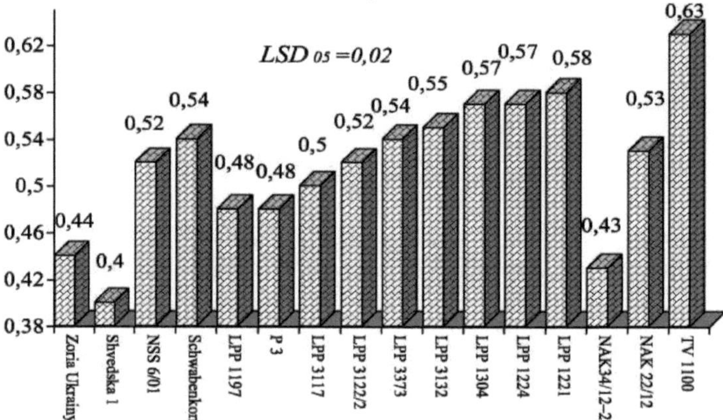

A relação entre a largura do laço do vinco e a largura do miolo

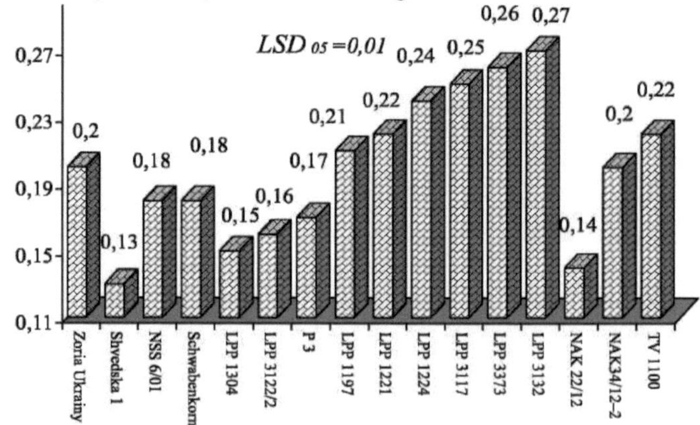

Fig. 9 Relação entre a profundidade do vinco e a espessura e a largura do laço do vinco e a largura do grão de diferentes variedades e estirpes de trigo espelta

A menor relação entre a largura da ansa do vinco e a largura foi registada nos grãos das variedades Shvedska 1 (0,13), NAK 22/12 (0,14) e LPP 1304 (0,15). Este facto permite concluir que a ansa do vinco é menos desenvolvida. Nas amêndoas do resto do material estudado, a ansa do vinco era maior. Assim, para os grãos de variedades de trigo espelta, o rácio específico variou de 0,18 a 0,20 e para os grãos de estirpe variou de 0,16 a 0,27.

O volume do grão da variedade Zoria Ukrainy é de 32,4 mm^3 . Este indicador da estirpe LPP 1221 é de 35,6 mm^3 , o que é significativamente superior em 3,2 mm^3 (quadro 22). Segundo este indicador, outra estirpe, a NAK 22/12, excedeu a variedade de trigo espelta em 0,2 mm, mas a diferença não foi significativa. Noutras variedades e estirpes, o volume do grão situava-se entre 20,7 e 29,6 mm e apresentava taxas significativamente inferiores.

A área da superfície exterior da variedade Zoria Ukrainy era de 91,5 mm . O valor deste indicador nas variedades e estirpes estudadas foi significativamente inferior ao do trigo glumífero. Comparando os indicadores, pode notar-se que a variedade Shvedska 1 e 5 estirpes (LPP 3122/2, LPP3117, LPP 1224, P 3 e TV 1100) tinham uma área da superfície exterior do grão de 62,0-69,3 mm . Os valores entre 70,9 e 83,5 mm corresponderam às restantes variedades e estirpes estudadas.

A superfície específica do grão na variedade de trigo glumífero foi de 2,83 mm^2 / mm . Indicadores significativamente mais elevados foram registados na variedade Schwabenkom e nas estirpes NSS 6/01, LPP 3373, LPP 3117 e TV 1100 - 3,06-3,26 mm^2 / mm^3 que são superiores em 8-15%. Cinco amostras estudadas (Shvedska 1, LPP 3122/2, LPP 3117, LPP 1224 e NAK34 / 12-2) tinham indicadores ao nível dos valores da variante de controlo - 2,70-2,82 mm / mm . Noutras estirpes, este valor foi significativamente inferior ao da variante de controlo e situou-se no intervalo de 2,23-2,64 mm / mm .

O rácio entre o volume do grão e a área da sua superfície exterior na variedade Schwabenkom e nas estirpes NSS 6/01, LPP 3373 e TV 1100 foi baixo e situou-se entre 0,31 e 0,33. Na variedade Shvedska 1 e noutras estirpes estudadas, este indicador foi significativamente mais elevado em comparação com o indicador da variante de controlo (0,35) e variou de 0,36 a 0,45. O valor da estirpe LPP 3117 foi igual ao valor do trigo glumífero.

A esfericidade do grão na variedade Zoria Ukrainy foi de 0,54 unidades. Na variedade Schwabenkom e nas estirpes NSS 6/01 e LPP 3373, este valor foi de 0,53, 0,50 e 0,54 unidades, respetivamente. Noutras amostras estudadas, a esfericidade situou-se entre 0,58 e 0,67 unidades, o que é significativamente mais elevado do que a variante de controlo.

Quadro 22. Características geométricas dos grãos de diferentes variedades e estirpes de trigo espelta

Variety, strain	The kernel volume (V), mm^3	The area of the outer surface (F), mm^2	The specific surface of the kernel, mm^2/mm^3	The ratio V/F	Sphericity
Zoria Ukrainy (st)	32.4	91.5	2.83	0.35	0.54
Shvedska 1	22.5	62.0	2.76	0.36	0.62
Schwabenkorn	25.5	79.2	3.10	0.32	0.53
NSS 6/01	25.6	83.5	3.26	0.31	0.50

LPP 3122/2	24.2	66.3	2.74	0.37	0.61
LPP 3373	24.3	74.9	3.09	0.32	0.54
LPP 3117	24.5	69.0	2.82	0.35	0.59
LPP 1224	25.6	69.3	2.70	0.37	0.61
LPP 3132	27.2	70.9	2.61	0.38	0.62
P 3	27.6	66.2	2.40	0.42	0.67
LPP 1197	29.1	72.3	2.48	0.40	0.63
LPP 1304	29.6	78.3	2.64	0.38	0.59
LPP 1221	35.6	79.5	2.23	0.45	0.66
TV 1100	20.7	63.2	3.06	0.33	0.58
NAK34/12–2	26.5	71.5	2.70	0.37	0.60
NAK 22/12	32.6	78.9	2.42	0.41	0.62
LSD$_{05}$	*1.4*	*3.7*	*0.14*	*0.1*	*0.1*

O teor de endosperma no grão da variante de controlo (variedade Zoria Ukrainy) foi de 86,8% (quadro 23). Apenas nos grãos da variedade Shvedska 1 se registou uma tendência para um teor de endosperma mais elevado (87,6%). O teor de endosperma nos grãos de outras variedades variou de 82,9 a 85,0%. Nos grãos de variedades obtidas pela hibridação de *Triticum aestivum / Triticum spelta*, o teor de endosperma variou numa ampla gama - de 81,5 a 88,5%. O teor mais elevado de endosperma foi encontrado nos grãos das linhas introgressivas TV 1100 e NAK 22/12 - 87,1 e 87,4%, respetivamente.

A percentagem do teor de casca na espelta de trigo glumífero Zoria Ukrainy foi de 10,4%.

Foram registadas taxas mais elevadas de teor de casca na variedade Shvedska 1, nas estirpes LPP 3117 e LPP 3373 - 10,7-10,8%. O teor de casca das outras formas estudadas excedeu significativamente a variante de controlo e situou-se no intervalo de 11,7-17,3%.

O teor de germe nos grãos da variedade Zoria Ukrainy era de 2,8%. Nas variedades Shvedska 1, LPP 1224, LPP 1221, LPP 3117 e NAK 22/12, o teor de gérmen era de 1,6 a 2,1%. Os grãos de outras variedades e estirpes tinham o valor de 0,8-1,4%. É óbvio que o teor de componentes anatómicos não se altera significativamente em função da origem da variedade e da estirpe de trigo espelta.

Quadro 23. Teor de componentes anatómicos nos grãos de diferentes variedades e estirpes de trigo espelta (2015), %

Variety, strain	Content of the					
	endosperm		share of husk		germ	
		± to st		± to st		± to st
Zoria Ukrainy (st)	86.8	–	10.4	–	2.8	–
NSS 6/01	82.9	-3.9	15.9	5.5	1.2	-1.6
Schwabenkorn	85.0	-1.8	14.1	3.7	0.9	-1.9
Shvedska 1	87.6	0.8	10.7	0.3	1.7	-1.1
LPP 1197	81.5	-5.3	17.3	6.9	1.2	-1.6
LPP 3132	82.7	-4.1	16.2	5.8	1.1	-1.7
LPP 1224	83.1	-3.7	15.2	4.8	1.7	-1.1
LPP 1221	83.8	-3.0	14.6	4.2	1.6	-1.2
P 3	84.0	-2.8	14.8	4.4	1.2	-1.6

LPP 1304	86.0	-0.8	12.6	2.2	1.4	-1.4
LPP 3122/2	86.5	-0.3	12.6	2.2	0.9	-1.9
LPP 3117	87.2	0.4	10.8	0.4	2.0	-0.8
LPP 3373	88.5	1.7	10.7	0.3	0.8	-2.0
NAK34/12–2	82.4	-4.4	15.5	5.1	2.1	-0.7
TV 1100	87.1	0.3	11.9	1.5	1.0	-1.8
NAK 22/12	87.4	0.6	11.7	1.3	0.9	-1.9
LSD$_{05}$	*4.1*	–	*0.7*	–	*0.1*	–

O tamanho do grão da variedade Zoria Ukrainy situava-se entre 2,6 e 2,8 mm. Os mesmos valores foram registados no grão da variedade Schwabenkom, nas estirpes LPP 3117 e LPP 1224 (quadro 24). Três estirpes obtidas pela hibridação de *Triticum aestivum/Triticum spelta* tinham indicadores de tamanho de grão mais elevados, cujos valores variavam entre 2,8 e 3,0 mm. O grão mais pequeno foi o da variedade Shvedska 1, das estirpes LPP 3373 e TV 1100, com valores entre 2,2 e 2,4 mm. O tamanho do grão das outras estirpes foi de 2,4-2,6 mm.

A uniformidade dos grãos da variedade Zoria Ukrainy foi de 65,5%. As variedades LPP 1221 e NAK 34 / 12-2 apresentaram taxas significativamente mais elevadas do que a variante de controlo, cujos valores excederam a variante de controlo em 11,5 e 10,7%, respetivamente. A uniformidade dos grãos das variedades Shvedska 1 e Schwabenkom e de cinco estirpes (LPP 3122/2, P 3, LPP 3117, LPP 1197 e NAK 22/12) foi significativamente inferior à da variedade Zoria Ukrainy (st) e variou de 58,5 a 61,8% *{LSD05=3,2)*. Este indicador de outras estirpes situou-se ao nível de 62,5-67,5%, ou seja, a diferença em relação à variante de controlo não é significativa.

Sabe-se [308] que a uniformidade do grão é considerada alta para o índice de 80%, média para o índice 70-80% e baixa < 70%. Determinou-se que a estirpe LPP 1221 tinha a uniformidade média do grão (75,2%) e que o grão das outras variedades e estirpes tinha uma uniformidade muito baixa.

Para o trigo, a fração de grão numa peneira com aberturas de 2,8 x 20 é considerada grande, 2,2-2,8 x 20 - média e 1,7-2,2 x 20 - pequena. O teor de uma fração de grãos grandes da variedade Zoria Ukrainy foi de 42,6%. Nas estirpes LPP 1197, LPP 3132 e LPP 1221, o teor da fração grande foi o mais elevado e excedeu substancialmente a variante de controlo em 44-77% *{LSD$_0$ 5=1,6)*. O conteúdo da grande fração do grão noutras variedades e estirpes variou de 7,5 a 35,9%, o que significa que o valor foi significativamente inferior ao da variante de controlo.

O teor da fração média do grão da variedade Zoria Ukrainy foi de 53,6%. Em três variedades e oito estirpes, os valores médios da fração excederam significativamente a variante de controlo *{LSDos=3,0)* e situaram-se no intervalo de 57,4-78,4%. Na estirpe LPP 3117 este valor foi de 52,3%, ou seja, a diferença não foi significativa. Os valores das estirpes LPP 1197, LPP 3132 e LPP 1221 variaram de 23,3-33,1%, o que foi significativamente inferior à variante de controlo.

O teor da fração pequena do grão era o mais baixo em comparação com o das fracções grande e média, mas variava consoante a variedade e a estirpe. No grão da variedade Zoria

Ukrainy, o teor da fração pequena era de apenas 3,8%. Seis estirpes (P 3, LPP 1224, LPP 3132, LPP 1221, NAK 34 / 12-2 e NAK 22/12) tinham indicadores que eram significativamente mais baixos do que a variante de controlo *(LSD$_0$ s=0,3)* e variavam de 1,3 a 2,9%. As variedades LPP 3122/2, LPP 3373, LPP 3117 e TV 1100, NSS 6/01 e Shvedska 1 tinham um teor mais elevado da fração pequena do grão (11,5-18,5%).

Quadro 24. Granulometria e regularidade de diversas variedades e estirpes de trigo espelta

Variety, strain	The grain size, mm	Grain evenness, %	Fraction, %		
			large	average	small
Zoria Ukrainy (st)	2.6–2.8	65.5	42.6	53.6	3.8
Shvedska 1	2.2–2.4	58.5	8.9	77.0	14.1
NSS 6/01	2.4–2.6	62.5	9.6	78.4	12.0
Schwabenkorn	2.6–2.8	60.1	37.5	57.4	5.1
LPP 3373	2.2–2.4	63.3	15.0	69.8	15.2
LPP 1304	2.4–2.6	65.6	21.6	74.3	4.1
LPP 3122/2	2.4–2.6	58.6	10.5	78.0	11.5
P 3	2.4–2.6	57.0	35.7	63.0	1.3
LPP 3117	2.6–2.8	60.6	31.3	52.3	16.4
LPP 1224	2.6–2.8	66.9	35.9	61.8	2.3
LPP 1197	2.8–3.0	61.2	61.2	33.1	5.7
LPP 3132	2.8–3.0	65.6	65.6	31.6	2.8
LPP 1221	2.8–3.0	75.2	75.2	23.3	1.5
TV 1100	2.2–2.4	67.5	7.5	74.0	18.5
NAK34/12–2	2.4–2.6	69.9	19.2	77.9	2.9
NAK 22/12	2.4–2.6	61.8	33.2	65.4	1.4
LSD$_{05}$	–	*3.2*	*1.6*	*3.0*	*0.3*

Os principais produtos da transformação do grão de trigo são a farinha, os cereais e as massas. Os modos tecnológicos de moagem de farinha e de produção de grumos dependem do tipo de dureza do grão (Belitz H. D., Grosch W., 1999). A dureza do grão das culturas cerealíferas é um índice complexo que caracteriza a resistência dos componentes anatómicos do grão. As tecnologias de transformação de grãos duros e moles diferem, pelo que este indicador é necessário.

Os indicadores da qualidade do grão de trigo são determinados pelo âmbito da sua utilização. Atualmente, a qualidade do grão é considerada principalmente do ponto de vista do valor nutritivo, que depende do teor e da qualidade das proteínas e de outros componentes do grão e das suas propriedades tecnológicas. É também constituída por muitas características que são determinadas por espécies e características varietais, características físicas e índices químicos. A dureza do grão de trigo depende da humidade, da vitreosidade e da resistência da espessura e da largura do grão, cujo valor, para além do teor de humidade, varia consoante a variedade. O papel destes indicadores é diferente: o grão de elevada dureza tem mais sêmola e o grão de trigo mole não necessita de tratamento com água e calor durante a descasca.

Estudos efectuados em meados do século XX sobre variedades de trigo mole e duro revelaram que a dureza do grão de trigo variava entre 78 e 245 H.

A capacidade de moagem do grão de trigo é influenciada pela sua dureza. O grão de trigo é considerado duro com um índice de tamanho de partícula de 13-26% e para o macio este valor é > 27%. Sabe-se que o trigo com alta dureza de grão tem um índice de tamanho de partícula de 13-17%, é médio com um índice de 18-21% e é baixo de 22-26%.

Os estudos mostraram que o grão de todas as variedades e estirpes de trigo espelta era macio e tinha um pequeno índice de tamanho de partícula de 30,0-52,1% (Fig. 10).

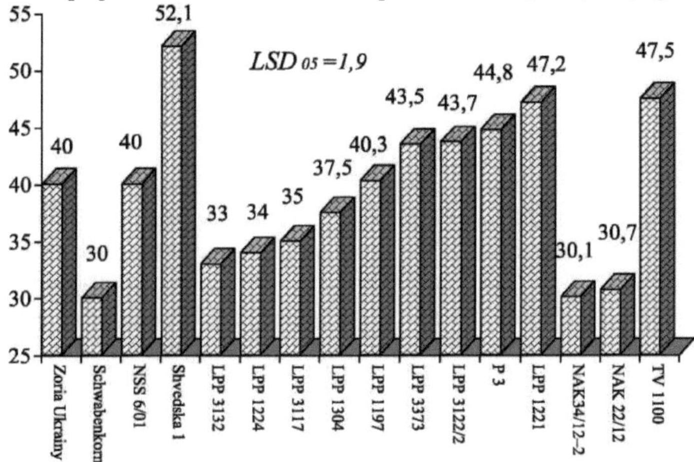

Fig.10. Índice do tamanho das partículas de diversas variedades e estirpes de trigo espelta, %

Assim, para o grão da variedade Zoria Ukrainy, o índice do tamanho das partículas foi de 40%. Nas amostras estudadas da variedade Shvedska 1 e das 5 estirpes, estes valores foram significativamente mais elevados e situaram-se entre 43,5 e 52,1%. Os grãos das estirpes NSS 6/01 e LPP 1191 tinham o índice de tamanho de partícula ao nível da variante de controlo e era de 40,0% e 40,3%, respetivamente. Nas restantes amostras, o indicador variou de 30,0 a 40,3%.

O esforço necessário para debulhar o grão por compressão para as variedades Schwabenkom e Shvedska 1 e NSS 6/01 variou de 90,5 a 94,2 N, o que é significativamente menor do que a variante de controlo (quadro 25).

Quadro 25. Esforço necessário para debulhar o grão de diversas variedades e estirpes de trigo espelta com compressão, H

Variety, strain	Element of variation variability		
	$x \pm S_x$	lim	V, %
Zoria Ukrainy (st)	108.0 ± 25.7	86.2–131.3	17
Schwabenkorn	90.5 ± 42.2	67.6–120.5	16
Shvedska 1	93.8 ± 17.3	85.3–104.9	6
NSS 6/01	94.2 ± 36.9	67.6–116.6	14
LPP 1221	78.1 ± 13.9	71.5–86.2	6
LPP 1304	80.0 ± 31.4	62.7–96.0	14
LPP 3373	82.1 ± 33.6	63.7–108.8	14

LPP 3122/2	86.1 ± 43.1	64.7–112.7	18
LPP 3117	86.3 ± 35.2	71.5–109.8	14
LPP 1197	93.1 ± 54.5	71.5–129.4	21
P 3	91.3 ± 20.8	81.3–106.8	8
LPP 1224	100.6 ± 35.2	86.2–124.5	12
LPP 3132	100.8 ± 46.0	74.5–122.5	16
TV 1100	80.3 ± 24.5	65.7–94.1	11
NAK34/12–2	104.2 ± 38.1	86.2–130.3	13
NAK 22/12	119.7 ± 56.8	92.1–160.7	17
LSD_{05}	4.6	–	–

O indicador estudado para o grão das estirpes obtidas pela hibridação de *Triticum aestivum / Triticum spelta* variou de 78,1 a 100,8 N com o coeficiente de variação de 6-21%. No grão da linhagem introgressiva TV 1100 a razão de compressão foi de 80,3 H com a variabilidade de 65,7 a 94,1 H (V = 11%). O maior indicador de esforço por compressão é observado no grão das estirpes obtidas pela hibridação de *Triticum aestivum /* anfiplóide *(Triticum durum / Ae. tauschii)* e *Triticum kiharae* - NAK34 /12-2, NAK 22/12 que variou de 104,2 a 119,7 H (V = 13-17%).

O esforço necessário para esmagar os grãos por corte foi menor em comparação com a compressão, mas também variou consoante a variedade e a estirpe. Assim, nos grãos da variedade Zoria Ukrainy (st) este indicador foi de 31,5 H com uma variabilidade de 26,5 a 38,2 H (V = 13%) (quadro 26).

Quadro 26. Esforço necessário para debulhar os grãos de diversas variedades e estirpes de trigo espelta por corte, H

Variety, strain	Element of variation variability		
	$x \pm S_x$	lim	V, %
Zoria Ukrainy (st)	31.5 ± 11.5	26.5–38.2	13
Schwabenkorn	27.3 ± 9.9	22.5–31.4	13
NSS 6/01	28.9 ± 9.6	23.5–34.3	12
Shvedska 1	31.2 ± 11.2	25.5–37.2	13
LPP 3122/2	26.9 ± 5.9	23.5–29.4	8
LPP 1304	27.8 ± 13.5	22.5–37.2	17
LPP 1221	27.9 ± 9.7	23.5–34.3	12
LPP 1224	28.0 ± 9.6	23.5–33.3	12
LPP 3117	28.2 ± 9.1	24.5–34.3	11
LPP 1197	28.5 ± 8.8	23.5–32.3	11
LPP 3132	28.5 ± 10.7	23.5–34.3	13
LPP 3373	29.2 ± 11.1	23.5–35.3	13
P 3	37.3 ± 19.4	29.4–54.9	18
TV 1100	28.4 ± 22.5	18.6–48.0	28
NAK34/12–2	33.9 ± 11.2	27.4–39.2	12
NAK 22/12	37.2 ± 18.3	28.4–47.0	17
LSD_{05}	1.5	–	–

O indicador "esforço" para a maioria das variedades e estirpes foi significativamente menor em comparação com a variante de controlo *(LSD$_{os}$ =1,5)*. Os valores mais baixos registaram-se na variedade Schwabenkom - 27,3 H com uma variabilidade de 22,5 a 31,4 (V = 13%). Este indicador em grãos de linhagens obtidas pela hibridação das linhagens *Triticum aestivum / Triticum Spelta,* 1100 e NSS 6/01, variou de 27,8 a 29,2 H. O maior indicador do esforço necessário para debulhar os grãos por corte foi para a variedade Shvedska 1, a estirpe P 3 e as estirpes introgressivas obtidas pela hibridação de *Triticum aestivum /* anfiplóide *(Triticum durum /Ae. tauschii)* e *Triticum kiharae,* variando de 31,2 a 37,3 H com o coeficiente de variação de 12-18%.

Os grãos das variedades e estirpes de trigo espelta caracterizam-se por uma elevada vitreosidade. Sim, foi de 96% no grão da variedade Zoria Ukrainy (st) (Fig. 11). Nas estirpes NAK 22/12 e NAK34 / 12-2 este indicador foi de 93-95%, mas não houve diferença significativa com o indicador da variante de controlo *(LSD$_{05}$ =4)*.

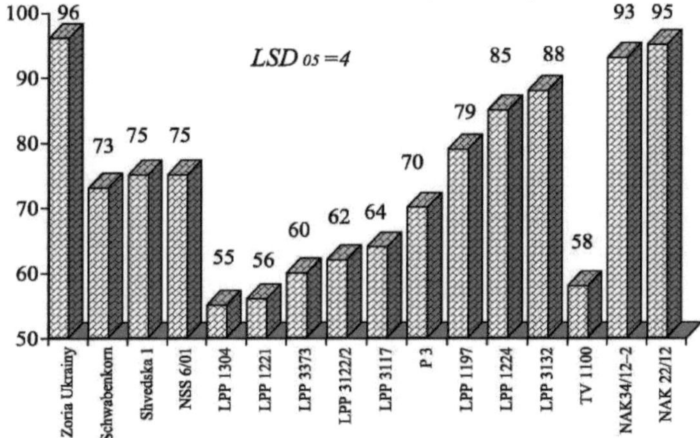

Fig.ll. Valor de vitreosidade do grão das variedades e estirpes de trigo espelta, %

A vitreosidade do grão das outras formas estudadas foi significativamente inferior à da variante de controlo. Assim, no grão das variedades, este indicador variou de 73 a 75% ou 22-24% menos em comparação com a variante de controlo. O grão das estirpes obtidas por hibridação de *Triticum aestivum / Triticum spelta* foi vítreo em 55-88% ou 8-43% menos do que a variante de controlo. O grão da estirpe introgressiva TV 1100 apresentou uma vitreosidade baixa (58%).

O grão é considerado vítreo se este indicador for de> 70%; é semi-vítreo se for de 50-70%, é semi-farinhento se for de 20-50% e é farinhento se for < 20%. Nove variedades e estirpes de trigo espelta, de um total de 16, apresentavam grãos vítreos (79-96%) e os grãos das outras formas apresentavam uma consistência semi-vítrea (55-70%).

Calculou-se que a consistência do endosperma influenciou o esforço necessário para a debulha do grão por compressão, uma vez que se verificou uma dependência de correlação muito elevada (r = 0,96) que é descrita pela seguinte equação de regressão:

Y = 0,7691x + 36,154

Y é o esforço necessário para a debulha do grão por compressão, H;

X é o grau de vitreosidade do grão, em % (Fig. 12).

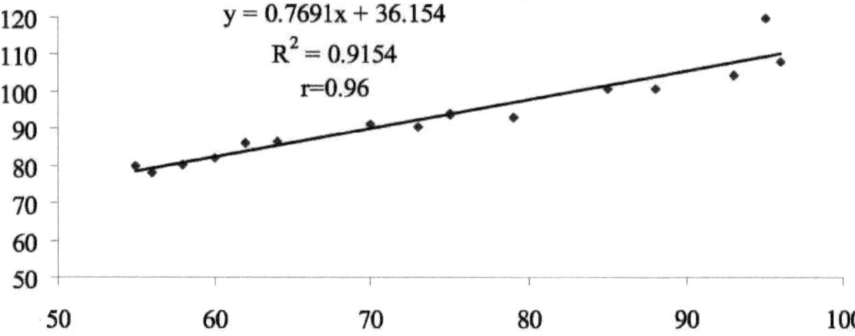

Fig. 12. Correlação entre o esforço necessário para a debulha dos grãos por compressão e a vitreosidade

Por conseguinte, as dimensões lineares, a caraterística da profundidade, a largura da ansa do vinco, a dimensão e a uniformidade do grão variam consoante a variedade e a estirpe do trigo espelta. No caso do grão de trigo espelta, é inerente uma grande variedade de dimensões lineares do grão: comprimento - de 6,8 a 8,1 mm, largura - de 2,3 a 3,3 e espessura - de 2,4 a 3,1 mm. A forma alongada dos grãos é a mais comum. Verifica-se que os grãos da variedade Shvedska 1 e da estirpe P 3 têm a menor profundidade e largura do laço de dobra. A uniformidade do grão das variedades e estirpes foi baixa (58,5-69,9%), exceto o grão da estirpe LPP 1221 (75,2%). Pelo conteúdo de uma grande fração de grão, as variedades LPP 1197 (62,1%), LPP 3132 (65,6%) e LPP 1221 (75,2%) são as melhores.

CAPÍTULO 6
PRODUÇÃO E QUALIDADE DA FARINHA

A maior parte da produção total de farinha pertence tradicionalmente à farinha de trigo - cerca de 90%. A parte da farinha de centeio é inferior a 10% e a parte de outros tipos é inferior a 1%. São conhecidos mais de 10 indicadores que caracterizam as propriedades da moagem da farinha, mas os mais importantes são o rendimento da farinha e o teor de cinzas no grão, porque caracterizam a capacidade de moagem e o teor de cinzas da farinha. Para o trigo, o rendimento da farinha > 76%, 73,0-75,9 é alto, 70,0-72,9 é médio, 67,0- 69,9 é baixo e < 66,8% é muito baixo. As variedades e estirpes de grãos de trigo espelta caracterizam-se por um rendimento de farinha muito elevado, uma vez que excede 76% e varia de 78,7 a 87,3% (Fig. 13). As variedades Zoria Ukrainy e Shvedska 1 têm o maior rendimento de farinha - 85,7 e 85,2%, respetivamente. Os grãos das estirpes LPP 1304, LPP 3373, LPP 3117 e LPP 1197, obtidos pela hibridação de *Triticum aestivum / Triticum spelta,* tiveram um rendimento de farinha de 84,1 a 87,3%. A produção de farinha das estirpes introgressivas NAK 22/12 e TV 1100 foi de 86,1 e 86,2%, respetivamente.

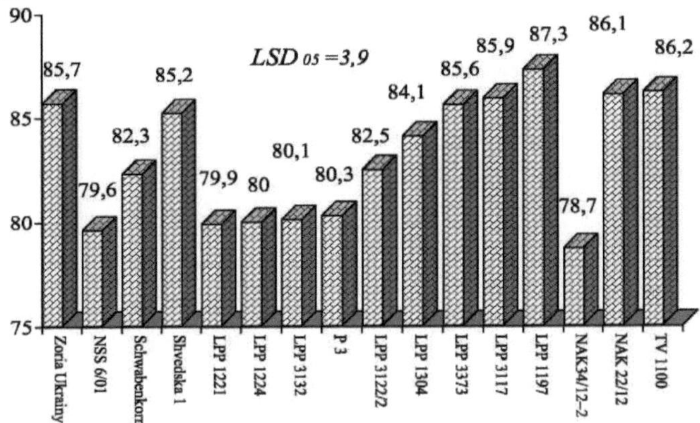

Fig. 13. Rendimento farináceo do grão de diferentes variedades e estirpes de trigo espelta, %
Entre o rendimento farináceo e o teor de endosperma do grão de trigo espelta existe uma correlação muito elevada (r = 0,96), descrita pela seguinte equação de regressão:

Y = 1,2419x- 23,096,

Onde y é o rendimento da farinha, %;

X é o teor de endosperma no grão, em % (Fig. 14).

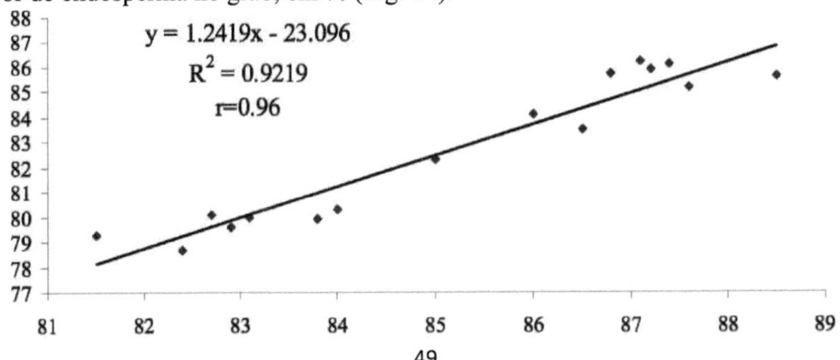

Fig. 14. Correlação entre o rendimento da farinha e o teor de endosperma

O teor de ferro, zinco, cobre e níquel, com exceção do cobalto e do crómio, no grão de trigo espelta era 1,7-2,8 vezes superior ao do trigo mole (quadro 27).

Quadro 27. Teor de micronutrientes no grão e na farinha de trigo, mg/ kg de matéria seca

Chemical element	Soft wheat (Podolianka variety)			Spelt wheat (Zoria Ukrainy variety)		
	Grain	Flour	± to grain	Grain	Flour	± to grain
Fe	24.2	8.5	-15.7	53.5	48.7	-4.8
Zn	19.4	8.9	-10.5	55.6	50.1	-5.5
Cu	2.15	1.13	-1.02	3.29	2.54	-0.75
Co	0.90	0.22	-0.68	0.63	0.58	-0.05
Cr	0.82	0.45	-0.37	0.21	0.15	-0.06
Ni	0.91	0.52	-0.39	1.59	1.33	-0.26

O teor dos elementos estudados na farinha da variedade superior foi reduzido em 0,37-15,7 mg/ kg de grão ou 1,8-2,8 vezes em comparação com o grão. Na farinha de trigo espelta, o seu teor diminuiu 0,05-5,5 mg/ kg ou 1,1-1,4 vezes, indicando uma distribuição uniforme dos elementos químicos na casca e no endosperma.

O teor de cinzas no grão de trigo espelta variou de 1,54 a 1,92%, consoante a variedade e a estirpe (Fig. 15). O indicador mais elevado do seu teor foi registado no grão da variedade Zoria Ukrainy (1,87%), NSS 6/01 (1,85%) e Schwabenkom (1,81%). O teor mais baixo de cinzas no grão da variedade Shvedska 1 é de 1,71% ou 9% menos do que a variante de controlo *(LSD$_{05}$ =0,08)*.

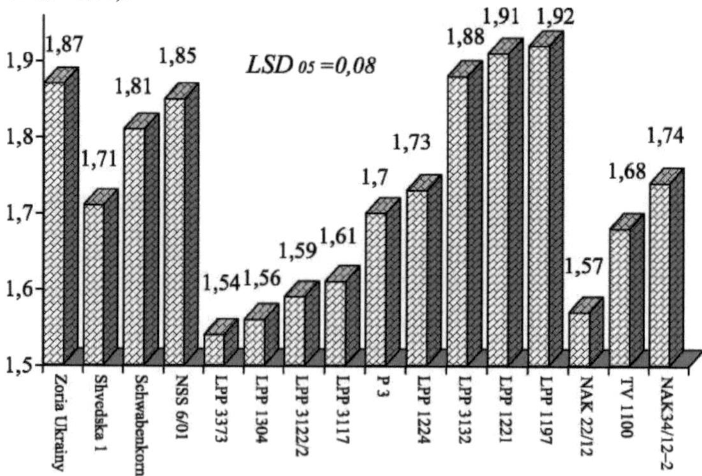

Fig. 15. Teor de cinzas no grão de diversas variedades e estirpes de trigo espelta, % em termos de matéria seca

O teor de cinzas no grão das estirpes LPP 3373, LPP 1304, LPP 3122/2, LPP 3117, LPP 1224 e P 3 foi 8-18% mais baixo do que a variante de controlo e no grão das estirpes LPP 3132, LPP 1221 e LPP 1197 foi quase ao seu nível - 1,88-1,92%.

Os grãos das estirpes de trigo espelta obtidas por hibridação de *Triticum aestivum* / anfiplóide *(Triticum durum / Ae. tauschii)* e *Triticum kiharae* pelo teor de cinzas não diferiram das restantes formas estudadas - 1,57-1,74% em termos de matéria seca.

No caso do trigo, as propriedades de moagem da farinha são consideradas elevadas quando o teor de cinzas no grão ≤ 1,65%, 1,66-1,85%, 1,86-2,05% - médio, 2,06-2,25% - baixo e ≥ 2,25% - muito baixo.

Pelo teor de cinzas, o grão de trigo espelta das variedades e estirpes tem elevadas propriedades de moagem da farinha. Grãos de LPP 3373, LPP 1304, LPP 3122/2, LPP 3117 e NAK 22/12 tem propriedades de moagem de farinha muito elevadas, o grão das estirpes P 3, LPP 1224, TV 1100 e NAK 34/12-2 tem propriedades elevadas e o grão das estirpes LPP 1197, LPP 1221 e LPP 3132 tem propriedades médias.

O teor médio de cinzas em peso na farinha de trigo espelta variou de 0,52 a 0,64%, consoante a variedade e a estirpe (Fig. 16).

Para o trigo, as propriedades de moagem da farinha são consideradas muito altas pelo teor de cinzas na farinha ≤ 0,55%, 0,56-0,65%; 0,66-0,75 - médio; 0,76-0,85 - baixo e ≥ 0,86% - muito baixo.

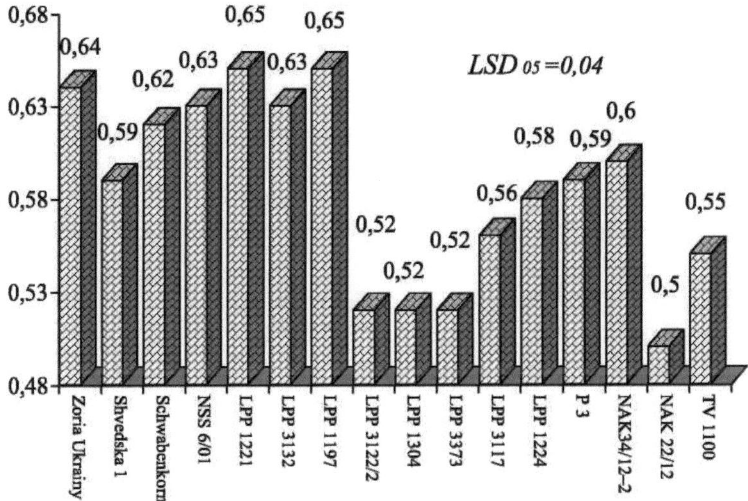

Fig. 16. Peso médio do teor de cinzas na farinha de diversas variedades e estirpes de trigo espelta, % em termos de matéria seca

O teor de cinzas na farinha da variedade Zoria Ukrainy foi de 0,64%. As estirpes LPP 1221 e LPP 1197 mostram uma tendência para aumentar o seu conteúdo relativamente à variante de controlo. As estirpes NSS 6101 e LPP 3132 e a variedade Schwabenkom foram caracterizadas por indicadores mais baixos (0,60-0,62%) que estavam ao nível *LSDos*. O teor de cinzas na farinha na gama de 0,59-0,56 foi registado na variedade Shvedska 1 e nas estirpes P3, LPP 1224 e LPP 3117. No resto das amostras estudadas o indicador foi de 0,52-0,55%, ou seja, a farinha correspondia a um grupo com propriedades de moagem de farinha muito elevadas.

O indicador de brancura da farinha de trigo da variedade Zoria Ukrainy (st) foi de 44 unidades (Fig. 17). Nas estirpes P 3, LPP 3132, LPP 3373 e TV 1100 a brancura da farinha foi significativamente mais elevada *(LSD₀ 5=2)* do que o valor da variante de controlo de 7-14%. O resto das amostras estudadas estavam dentro do intervalo de 42-45 unidades, ou seja, a diferença não foi significativa. No entanto, de acordo com o indicador de brancura, a farinha cumpre os requisitos da variedade superior.

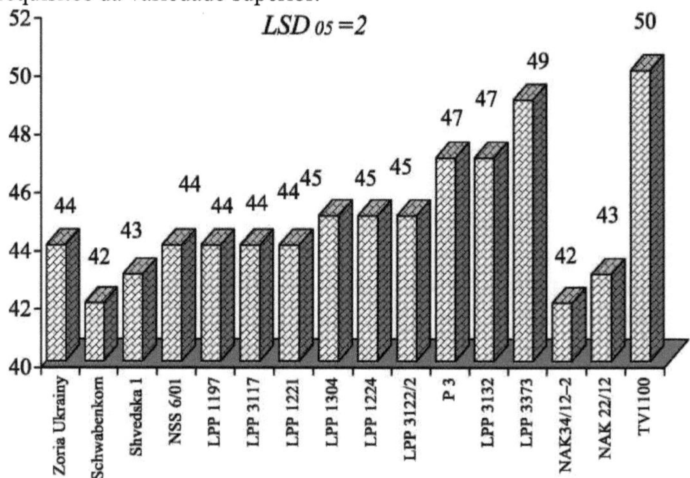

Fig. 17. Indicador de brancura ponderal médio da farinha de diversas variedades e estirpes de trigo espelta, unidades

Verifica-se que o teor de endosperma no grão de trigo espelta influenciou significativamente (r -0,69) o teor de cinzas, que é descrito pela equação de regressão

Y = -0,041x+ 5,2212,

Onde Y é o teor de cinzas no grão, %;

x é o teor de endosperma no grão, em % (Fig. 18).

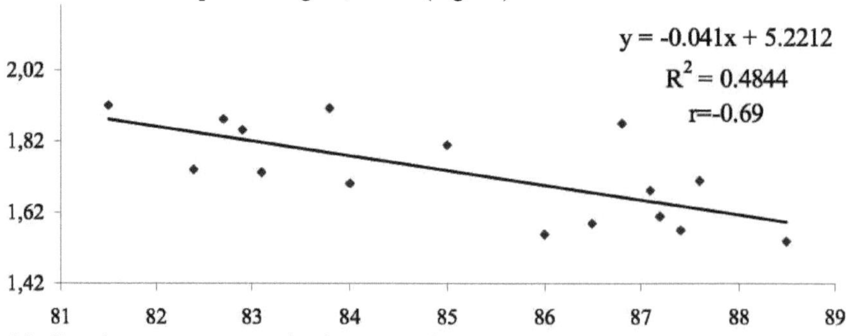

Fig. 18. Correlação entre o teor de cinzas e endosperma no grão

Por conseguinte, o rendimento em farinha de todas as formas estudadas corresponde a um nível muito elevado. Os indicadores mais elevados são fornecidos pelo processamento do grão das variedades Zoria Ukrainy e Shvedska 1 e das estirpes LPP 1304, LPP 3373, LPP 3117 e LPP 1197 obtidas pela hibridação de *Triticum aestivum / Triticum spelta*, NAK 22/12 e TV 1100 obtidas por introgressão com anfiplóide *(Triticum durum / Ae. tauschii)* e *Triticum kiharae*. O teor de cinzas no grão das variedades e estirpes de trigo espelta varia de nível médio a muito elevado no que respeita às suas propriedades de moagem da farinha.

CAPÍTULO 7

PROPRIEDADES DE PANIFICAÇÃO DO GRÃO E QUALIDADE DO PÃO DE DIFERENTES FARINHAS

No caso do trigo, o glúten é considerado bom se o seu índice de deformação for de 45-75 unidades; é satisfatoriamente fraco se for de 75-100 unidades e insatisfatoriamente fraco se for de 100-120 unidades.

Quatro das 16 variedades e estirpes estudadas de trigo espelta tinham glúten satisfatoriamente fraco e era insatisfatoriamente fraco nas outras formas (Fig. 19). É de notar que o grão de trigo espelta da estirpe NAK 34 / 12-2 tem um teor de glúten de 29,2% pelo índice de deformação de 86 unidades, o que não é típico do trigo espelta.

O resultado é a recombogénese no genoma do trigo em consequência da hibridação com o anfiplóide *(Triticum durum / Ae. tauschii)*. Os grãos da variedade Shvedska 1 (101 unidades) e da estirpe LPP 3132 (101 unidades) estavam próximos do indicador de glúten satisfatoriamente fraco.

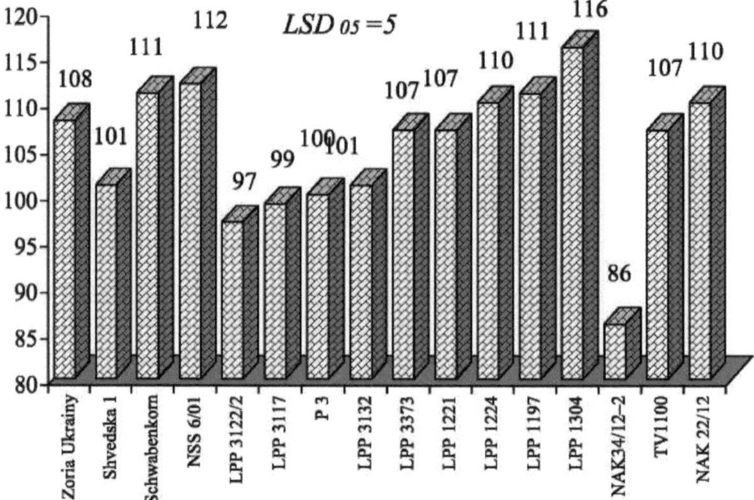

Fig. 19. Índice de deformação do glúten de diversas variedades e estirpes de trigo espelta, unidades

A força da farinha das variedades e estirpes de trigo espelta estudadas situou-se entre 97 e 248 minutos (Fig.20). Os grãos da variedade Schwabenkom, das estirpes LPP 3117, P3 e NAK 34/12-2 tiveram a maior resistência da farinha (129-248 minutos) e os da variedade Shvedska
1, as variedades NSS 6/01, LPP 1221 e NAK 22/12 apresentaram a força mais baixa (40-45 minutos).

A farinha de trigo é considerada de alta resistência pela estabilidade da bola de massa em água durante mais de 150 minutos, 100-150 minutos - alta, 60-100 minutos - média, 30-60 minutos - baixa e < 30 min é muito baixa.

A estirpe NAK34 / 12-2 tinha uma força de farinha muito elevada, com um índice de 248 minutos. A variedade Schwabenkom, as estirpes LPP 3117 e P 3, caracterizadas por uma elevada resistência da farinha, tinham 121, 129 e 132 minutos, respetivamente. As estirpes LPP 1224, LPP 3373 e LPP 3132 e a variedade Zoria Ukrainy tiveram os valores médios cujos indicadores variaram entre 62 e 97 minutos. A baixa resistência da farinha das restantes formas estudadas foi de 40 a 57 minutos, o que é inferior à variante de controlo em 41-59%.

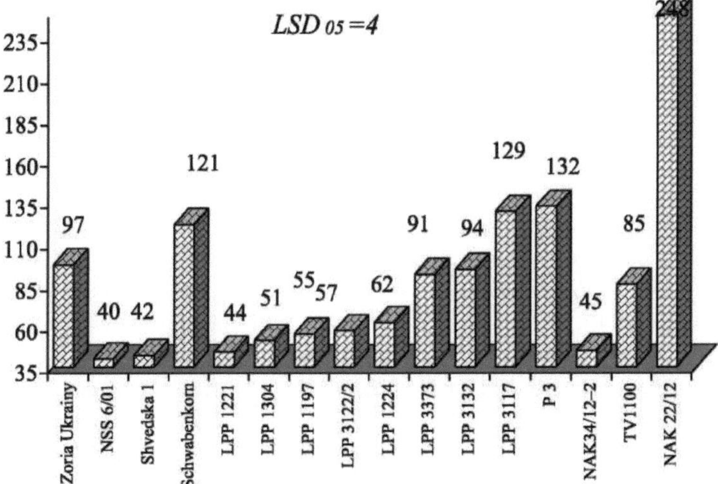

Fig.20. Força da farinha de várias variedades e estirpes de trigo espelta pela estabilidade de uma bola de massa em água, minuto

Entre o índice de deformação do glúten e a resistência da farinha de trigo existe uma correlação inversa elevada (r = -0,82±0,007), que é descrita pela equação de regressão y = -5,8803x + 705,59, em que y é a resistência da farinha (minuto) e x é o índice de deformação do glúten (unidade) (Fig. 21). Por conseguinte, o índice de deformação do glúten pode ser utilizado para prever a resistência da farinha de trigo espelta.

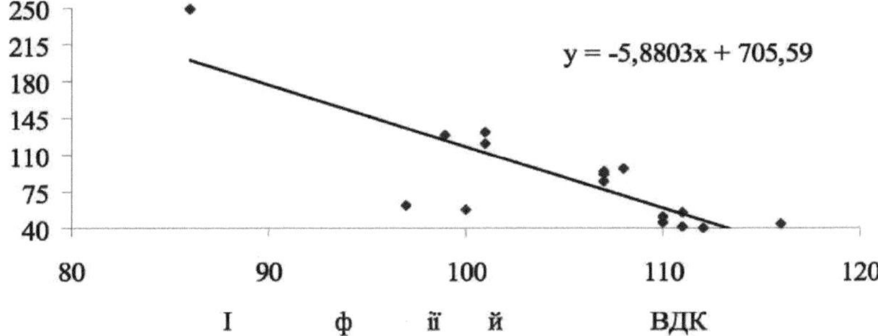

Fig.21. Correlação entre o índice de deformação do glúten e a resistência da farinha, 2015

O valor do número de queda da massa da farinha de trigo da variedade Zoria Ukrainy foi de 412 s (Fig.22).

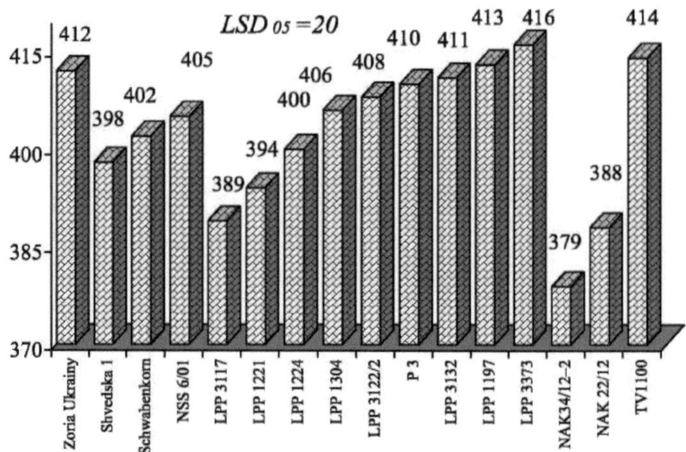

Fig.22. Número decrescente de grãos de diferentes variedades e estirpes de trigo espelta, s

A grande maioria das variedades e estirpes de trigo espelta apresentou valores inferiores, que variaram entre 394 e 416 s, mas a diferença entre elas não foi significativa. Os indicadores das estirpes LPP 3117, NAK34 / 12-2 e NAK 22/12 foram de 389, 379 e 388 s, respetivamente, o que foi inferior ao indicador da variante de controlo de 6-8%.

O número decrescente indica a integridade do amido e a atividade da alfa-amilase. No caso do trigo, a atividade da alfa-amilase é considerada elevada se o número decrescente for inferior a 80s, 80-150s - médio, 150-250s - bom e superior a 250s é o mais baixo.

Consequentemente, a atividade da alfa-amilase nos grãos das variedades e estirpes de trigo espelta estudadas era baixa. Por conseguinte, esta enzima não afectou as propriedades de cozedura do grão.

A capacidade de retenção de gás é considerada muito alta se este indicador for ≥ 475 cm , alta - 425-474 cm^3 , média - 375-424 cm^3 , baixa - 325-374 cm^3 e muito baixa ≤ 323 cm^3 .

A capacidade de retenção de gás da massa obtida a partir de farinha de trigo espelta durante um período de 30 minutos de fermentação em todas as variedades e estirpes estudadas foi muito baixa e situou-se no intervalo de 95-230 cm^3 / 100g (Quadro 28).

Quadro 28. Capacidade de retenção de gás da massa de farinha de diversas variedades e estirpes de trigo espelta em função da duração da fermentação, cm^3 / 100g

Variety, strain	Duration of fermentation, min					
	30	60	90	120	150	180
Zoria Ukrainy (st)	215	450	555	420	390	185
Shvedska 1	95	487	369	325	270	105
Schwabenkorn	118	400	417	386	342	234
NSS 6/01	110	425	450	408	255	207
LPP 1304	189	356	287	174	150	113
LPP 1221	174	405	321	214	163	120
LPP 3373	187	418	342	213	174	116
P 3	142	297	408	374	302	243
LPP 1197	115	396	410	378	210	117

LPP 3122/2	138	289	413	387	203	176
LPP 3117	110	485	415	367	300	180
LPP 1224	110	389	420	375	296	115
LPP 3132	115	395	487	390	241	141
TV 1100	208	416	348	285	197	123
NAK 22/12	230	434	404	327	201	104
NAK34/12–2	138	364	498	513	402	341
LSD$_{05}$	*6*	*18*	*21*	*13*	*11*	*8*

Durante um período de 30 minutos de fermentação, foi encontrada uma capacidade de retenção de gás muito elevada na variedade Shvedska 1 e na estirpe LPP 3117, que foi de 487 e 485 cm/100g, respetivamente. O indicador observado na variedade Zoria Ukrainy, nas estirpes NSS 6/01 e NAK - 22/12 correspondeu a 450, 425 e 434 cm / 100g, respetivamente, ou seja, a capacidade de retenção de gás foi elevada. O indicador médio de 395-418 cm / 100 g foi registado na variedade Schwabenkom, nas estirpes LPP 1197, LPP 1224, LPP 3132, LPP 3373, LPP 1221 e TV 1100. Duas estirpes apresentaram uma baixa capacidade de retenção de gás de 356-364 cm / 100g e as restantes foram caracterizadas por uma taxa muito baixa.

A capacidade máxima de retenção de gás da massa foi registada após 90 minutos de fermentação. Assim, foi encontrada uma capacidade muito elevada de retenção de gás na variedade Zoria Ukrainy, nas estirpes LPP 3132 e NAK34 / 12-2. O indicador mais elevado foi de 450 cm^3 / 100g na estirpe NSS 6/01. Os valores médios (404-420 cm / 100g) foram registados em sete estirpes. Na variedade Shvedska 1, nas estirpes LPP 3373 e TV 1100, a capacidade de retenção de gás foi de 369 e 348 cm / 100g, respetivamente. O menor indicador do tempo de fermentação (287 e 321 cm^3 / 100g) foi registado nas estirpes LPP 1304 e LPP 1221. No entanto, após a fermentação da massa durante 120 minutos na estirpe NAK34 / 12-2, a capacidade de retenção de gás foi a mais elevada e foi de 513 cm / 100g.

O indicador da capacidade de retenção de gás da farinha após a fermentação de 180 minutos foi o mais pequeno. Assim, na estirpe NAK34 / 12-2 foi de 341 cm / 100g. Noutras formas, estes valores corresponderam a um grupo muito baixo (105-243 cm / 100g).

Considera-se que um volume muito elevado de pão de trigo é superior a 525 cm, 475-525 cm^3 é elevado, 425-475 cm^3 é médio, 375-425 cm^3 é baixo e < 375 cm^3 é muito baixo.

Entre as formas de trigo estudadas, o maior volume de pão de farinha de alta qualidade foi na variedade Zoria Ukrainy e na estirpe NAK34 / 12-2, que foi de 523 e 484 cm, respetivamente, ou 4,0-4,6 pontos, respetivamente (Quadro 29). Foram registados valores médios na variedade Shvedska 1, nas estirpes LPP 3132 e LPP 3117, cujos valores se situaram no intervalo de 454-462 cm^3. A variedade NSS 6/01, as estirpes LPP 1197, LPP 3373 e TV 1100 apresentaram um volume de pão baixo, com valores de 380-384 cm. Noutras variedades e estirpes de trigo, o volume de pão da farinha da variedade mais alta variou entre 303 e 374 cm, o que corresponde a um indicador muito baixo - 1,0-2,6 pontos.

O volume do pão de farinha de trigo integral foi inferior em 10-20% ao volume do pão obtido com farinha de qualidade superior. O volume médio do pão foi Q obtido a partir de farinha de trigo integral da variedade Zoria Ukrainy (470 cm), o volume baixo do pão foi obtido a partir de farinha da variedade Shvedska 1, LPP 3132, LPP 3117 e TV 1100, o que correspondeu a 2,8-3,2 pontos. Noutras formas, estes indicadores eram muito baixos e situavam-se ao nível de 270-328 cm ou menos por 142-200 cm em comparação com a variante de controlo.

Quadro 29. Volume de pão das farinhas de trigo de qualidade superior e integral de diversas variedades e estirpes de trigo espelta

Variety, strain	Bread volume of							
	higher grade flour				whole-wheat flour			
	cm^3	to st, ±	point	to st, ±	cm^3	to st, ±	point	to st, ±
Zoria Ukrainy (st)	523	–	4.6	–	470	–	3.8	–
Schwabenkorn	372	-151	2.6	-2.0	302	-168	1.0	-2.8
NSS 6/01	384	-139	2.6	-2.0	311	-159	1.0	-2.8
Shvedska 1	454	-69	3.6	-1.0	417	-53	3.2	-0.6
LPP 1304	303	-220	1.0	-3.6	283	-187	1.0	-2.8
LPP 1224	318	-205	1.0	-3.6	282	-188	1.0	-2.8
LPP 1221	347	-176	2.2	-2.4	294	-176	1.0	-2.8
P 3	364	-159	2.4	-2.2	300	-170	1.0	-2.8
LPP 3122/2	374	-149	2.6	-2.0	270	-200	1.0	-2.8
LPP 1197	380	-143	2.6	-2.0	305	-165	1.0	-2.8
LPP 3373	380	-143	2.6	-2.0	328	-142	2.0	-1.8
LPP 3132	460	-63	3.8	-0.8	399	-71	2.8	-1.0
LPP 3117	462	-61	3.8	-0.8	401	-69	3.0	-0.8
NAK 22/12	330	-193	2.0	-2.6	281	-189	1.0	-2.8
TV 1100	382	-141	2.6	-2.0	302	-168	1.0	-2.8
NAK34/12–2	484	-39	4.0	-0.6	392	-78	2.8	-1.0
LSD_{05}	21	–	0.2	–	17	–	0.1	–

Estima-se que o indicador da força da farinha influenciou o volume do pão obtido a partir da farinha de trigo integral, uma vez que existe uma correlação direta significativa entre estes indicadores (r = 0,67) e existe uma correlação elevada (r = 0,71) a partir da farinha de grau superior, descrita pelas seguintes equações de regressão:

Y = 0,84432x + 321,4 para o pão de farinha de qualidade superior;

Y = 0,84432x + 321,4 para o pão de farinha de trigo integral

Em que Y é o volume do pão, cm ;

x é a resistência da farinha, min (Fig.23).

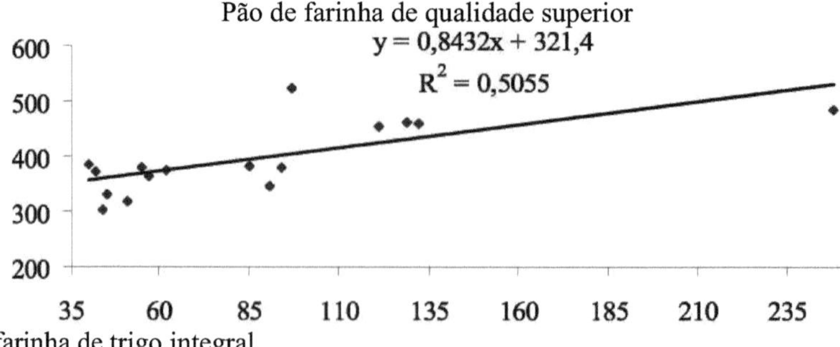

Pão de farinha de trigo integral

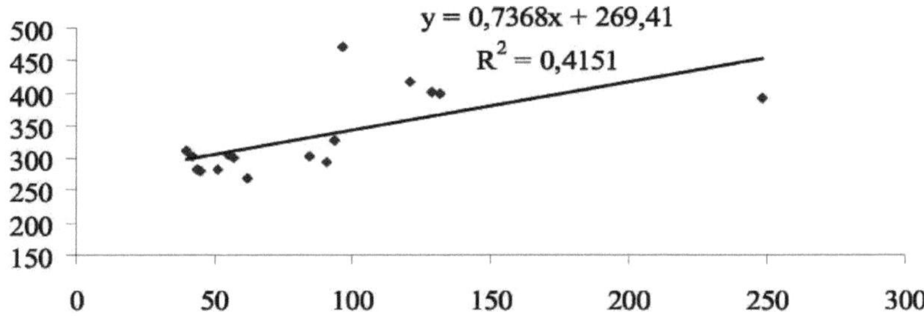

Fig. 23 Correlação entre o volume do pão (cm) e a força da farinha (min) de trigo espelta

A convexidade do pão de forma com farinha de qualidade superior foi a mais elevada na variedade Zoria Ukrainy e na estirpe NAK 34 / 12-2 - 0,49 e 0,54, respetivamente, o que correspondeu a 5,0 pontos (Quadro 30). Os indicadores da variedade Shvedska 1 e de cinco estirpes situaram-se no intervalo de 0,30-0,43 ou 4,0-5,0 pontos. Noutras formas estudadas, o índice de convexidade do pão de forma foi significativamente inferior ao da variante de controlo e foi de 0,08-0,29, o que corresponde a 2,0-4,0 pontos.

Durante o estudo do pão feito de farinha de trigo integral, o índice de convexidade na variedade Zoria Ukrainy foi de 0,37, o que correspondeu a 4,0 pontos. Os indicadores significativamente mais elevados foram os das estirpes P 3, NAK34 / 12-2 e LPP 3122/2 - 0,38-0,51 (1,0-5,0 pontos). Este indicador da variedade Shvedska 1 e de cinco estirpes variou de 0,27 a 0,37 ou de 3,0 a 4,0 pontos. A convexidade do pão de outras variedades e estirpes foi significativamente menor do que a variante de controlo e foi de 0,07-0,21.

Quadro 30. Convexidade do pão de forma de diversas variedades e estirpes de trigo espelta

Variety, strain	Convexity of the pan bread of							
	higher grade flour				whole-wheat flour			
		to st, ±	point	to st, ±		to st, ±	point	to st, ±
Zoria Ukrainy (st)	0.49	–	5.0	–	0.37	–	4.0	–
Schwabenkorn	0.12	-0.37	3.0	-2.0	0.10	-0.27	2.0	-2.0
NSS 6/01	0.22	-0.27	3.0	-2.0	0.21	-0.16	3.0	-1.0
Shvedska 1	0.32	-0.17	4.0	-1.0	0.31	-0.06	4.0	0.0
LPP 1304	0.10	-0.39	3.0	-2.0	0.08	-0.29	1.0	-3.0
LPP 1224	0.11	-0.38	3.0	-2.0	0.10	-0.27	2.0	-2.0
LPP 1221	0.20	-0.29	3.0	-2.0	0.19	-0.18	2.0	-2.0
P 3	0.29	-0.20	4.0	-1.0	0.27	-0.10	3.0	-1.0
LPP 3122/2	0.30	-0.19	4.0	-1.0	0.27	-0.10	3.0	-1.0
LPP 1197	0.35	-0.14	4.0	-1.0	0.32	-0.05	4.0	0.0
LPP 3373	0.40	-0.09	5.0	0.0	0.38	0.01	4.0	0.0
LPP 3132	0.41	-0.08	5.0	0.0	0.37	0.00	4.0	0.0
LPP 3117	0.43	-0.06	5.0	0.0	0.40	0.03	5.0	1.0
NAK 22/12	0.08	-0.41	2.0	-3.0	0.07	-0.30	1.0	-3.0
TV 1100	0.13	-0.36	2.0	-3.0	0.11	-0.26	2.0	-2.0
NAK34/12–2	0.54	0.05	5.0	0.0	0.51	0.14	5.0	1.0
LSD$_{05}$	0.02	–	0.2	–	0.01	–	0.2	–

Existe uma correlação direta elevada (r = 0,71-0,72) entre a convexidade do pão de forma com farinha de qualidade superior e o pão com farinha de trigo integral, descrita pelas seguintes equações de regressão:

Y = 0,0019x + 0,1053 para o pão com farinha de qualidade superior;

Y = 0,0018x + 0,0927 para o pão de farinha de trigo integral

Em que Y é a convexidade do pão;

x é a resistência da farinha, min (Fig.24).

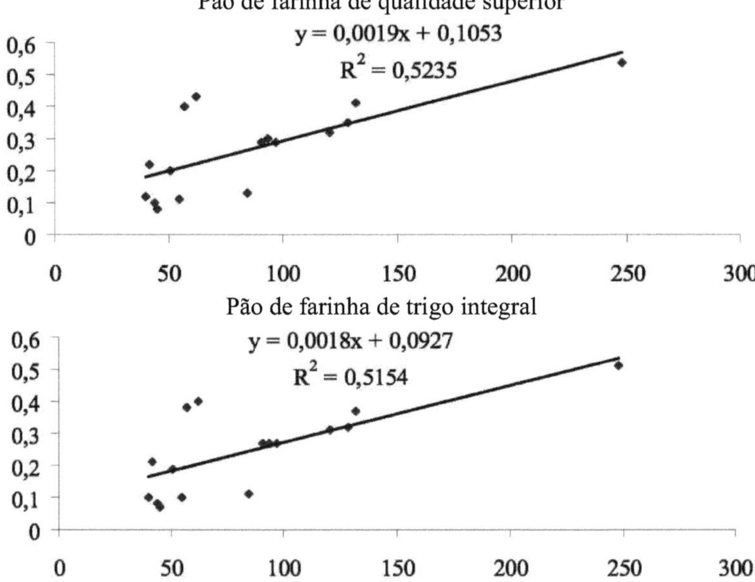

Fig 24 Correlação entre a convexidade do pão e a resistência da farinha de trigo espelta

No entanto, o índice de deformação do glúten influenciou sobretudo a convexidade do pão de forma, uma vez que existe uma correlação muito elevada entre estes indicadores (r = -0,90 - -0,91), descrita pelas seguintes equações de regressão:

Y = -0,0167x + 2,0281 para o pão de farinha de qualidade superior;

Y = -0,016x + 1,935 para o pão de farinha de trigo integral

Em que Y é a convexidade do pão;

x é o índice de deformação de glúten, unidade (Fig. 25).

Pão de farinha de qualidade superior

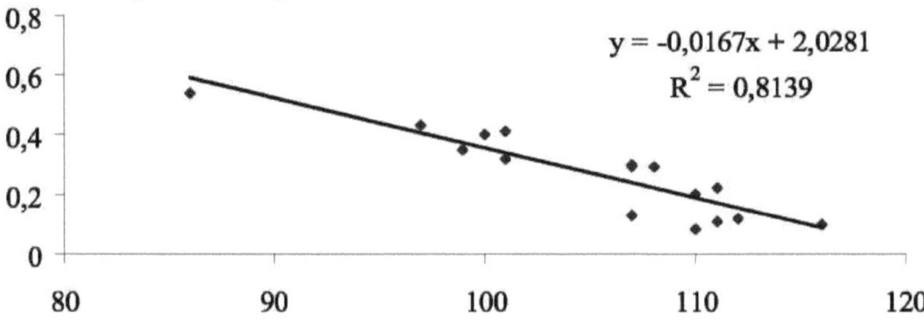

Pão de farinha de trigo integral

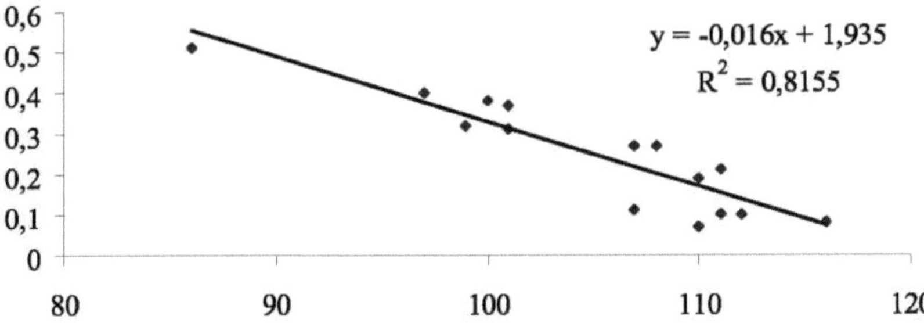

Fig.25. Correlação entre a convexidade do pão e o índice de deformação do glúten do trigo espelta

A avaliação da superfície do pão obtido a partir de farinha de qualidade superior de diferentes variedades e estirpes de trigo espelta é efectuada de acordo com os seguintes indicadores: cor da côdea, superfície da côdea e tamanho da superfície brilhante.

De acordo com a cor da crosta, todas as variedades e estirpes estudadas tinham 9 pontos (Quadro 31). A superfície da crosta das variedades Shvedska 1, LPP 3117, LPP 3122/2, P 3, LPP 3132 e NAK34 / 12-2 foi de 9 pontos. A variedade de trigo espelta como variante de controlo e outras variedades e estirpes tiveram 7 pontos. A superfície brilhante do pão feito de farinha das variedades Zoria Ukrainy e Schwabenkom, das estirpes LPP 3373, LPP 1221, NAK 22/12 e TV 1100 foi de 9 pontos. O brilho foi de apenas 50% no pão obtido a partir das estirpes LPP 1304, LPP 1224, P 3 e LPP 3132 e foi de 25% da superfície da côdea nas outras formas, o que correspondeu a 5 e 3 pontos, respetivamente.

Quadro 31. Avaliação culinária do pão fabricado com farinha de qualidade superior de diferentes variedades e estirpes de trigo espelta

Variety, strain	The bread surface, point			Bread crumb quality indicators, point							Overall assessment	
	Crust color	Crust surface	Size of the glossy surface	Bread crumb color	Elasticity	Flavor	Taste	Cell size	Uniformity of placement	Consistency	point	%
Zoria Ukrainy (st)	9	7	9	5	9	9	9	5	9	9	8.0	89
Shvedska 1	9	9	3	5	9	9	9	3	9	9	7.2	80
Schwabenkorn	9	7	9	9	9	9	9	7	9	9	8.2	91
NSS 6/01	9	7	3	7	9	9	9	5	9	9	8.2	91
LPP 1197	9	7	3	5	9	9	9	3	9	9	7.4	82
LPP 3117	9	9	3	9	9	9	9	3	9	9	7.6	84
LPP 1304	9	7	5	5	9	9	9	7	9	9	7.8	87
LPP 1224	9	7	5	5	9	9	9	7	9	9	7.8	87
LPP 3122/2	9	9	3	9	9	9	9	5	9	9	8.0	89
P 3	9	9	5	5	9	9	9	7	9	9	8.0	89
LPP 3132	9	9	5	5	9	9	9	5	9	9	8.0	89
LPP 3373	9	7	9	5	9	9	9	5	9	9	8.0	89

LPP 1221	9	7	9	7	9	9	9	7	9	9	8.2	91
NAK34/12–2	9	9	3	9	9	9	9	7	9	9	8.2	91
NAK 22/12	9	7	9	9	9	9	9	3	9	9	8.2	91
TV 1100	9	7	9	9	9	9	9	5	9	9	8.4	93
LSD$_{05}$	*1*	*1*	*1*	*1*	*1*	*1*	*1*	*1*	*1*	*1*	*0.4*	–

Elasticidade, sabor, gosto, tamanho das células, uniformidade da sua colocação e consistência durante a mastigação do miolo foi muito elevado e atingiu 9 pontos, independentemente da variedade e da estirpe. No entanto, outros indicadores mudaram significativamente. Assim, pela cor do miolo, o pão feito com farinha das estirpes LPP 1197, LPP 1224, NAK34 / 12-2, NAK 22/12 e da variedade Schwabenkom tinha 9 pontos. O miolo do pão obtido a partir da farinha da variedade NSS 6/01 e da estirpe LPP 3132 era claro, com uma tonalidade amarela de 7 pontos. Nas restantes formas estudadas, era amarelo claro, o que correspondia a 5 pontos.

Pelo indicador do tamanho das células do miolo do pão, as formas de trigo variaram muito. Assim, as células eram pequenas e de paredes finas no pão obtido a partir de farinha da variedade Shvedska 1, das estirpes LPP 3117, LPP 3122/2, P 3, LPP 3132 e NAK34 / 12-2, em que a média de células de paredes espessas era de 25%, correspondendo a 7 pontos. O indicador correspondente a 5 pontos (a quantidade de células espessas médias era de 50%) foi registado nas variedades Zoria Ukrainy e Schwabenkom, nas estirpes LPP 1224, LPP 3373, LPP 1221 e TV 1100. Noutras formas, a estimativa do tamanho das células do miolo de pão foi a pior e foi de 3 pontos.

Considera-se que a pontuação culinária global com um indicador de 8,0-9,0 pontos é muito elevada, 6,6-8,0 - elevada, 5,4-6,6 - média, 4,0-5,4 - baixa, < 4,0 pontos é muito baixa.

A avaliação geral da qualidade do pão obtido a partir de farinha de qualidade superior foi muito elevada em três variedades e oito estirpes de trigo espelta - de 8,0 a 8,4 pontos ou 89-93% do valor máximo. Foram registados valores mais baixos nas estirpes LPP 1197, LPP 3117 e LPP 3122/2 (7,6-7,8). A avaliação do pão a partir de farinha da variedade NSS 6/01 e da estirpe LPP 1304 foi de 7,2-7,4 pontos, o que foi significativamente inferior à variante de controlo, mas manteve-se elevada.

O indicador da superfície da côdea do pão obtido com farinha da variedade Shvedska 1, LPP 3117, LPP 3122/2, P 3, LPP 3132 e estirpes NAK34 / 12-2 foi o mais elevado, com 9 pontos (Quadro 32). A superfície do pão feito com farinha de outras variedades e estirpes era bastante lisa, com bolhas e fissuras simples que não atravessavam toda a superfície - 7 pontos.

Indicadores como a elasticidade, o sabor, o paladar e a uniformidade da colocação das células no pão cozido a partir de farinha de trigo integral nas variedades e estirpes estudadas foram os mais elevados e obtiveram 9 pontos.

O tamanho das células do pão cozido com farinha de trigo integral, variedade Shvedska 1 e cinco estirpes (LPP 3117, LPP 3122/2, P 3, LPP 3132 e NAK34 /12-2) foi de 9 pontos. Nas restantes amostras de pão, este indicador foi de 7 pontos.

A avaliação global da qualidade do pão de farinha de trigo integral foi muito elevada, uma vez que variou entre 8,3 e 9,0 pontos. No entanto, o pão feito com farinha das variedades Shvedska 1, LPP 3117, LPP 3122/2, P 3, LPP 3132 e NAK34 / 12-2 foi o de melhor qualidade (9,0 pontos) e a avaliação global das outras formas foi inferior em 8%.

Tabela 32. Avaliação culinária do pão feito com farinha de trigo integral de diferentes variedades e estirpes de trigo

Variety, strain	Indicator, point						Overall assessment	
	Crust surface	Crumb elasticity	Flavor	Taste	Cell size	Uniformity of cell placement	point	%
Zoria Ukrainy (st)	7	9	9	9	7	9	8.3	92
Schwabenkorn	7	9	9	9	7	9	8.3	92
NSS 6/01	7	9	9	9	7	9	8.3	92
Shvedska 1	9	9	9	9	9	9	9.0	100
LPP 1197	7	9	9	9	7	9	8.3	92
LPP 1304	7	9	9	9	7	9	8.3	92
LPP 1224	7	9	9	9	7	9	8.3	92
LPP 3373	7	9	9	9	7	9	8.3	92
LPP 1221	7	9	9	9	7	9	8.3	92
LPP 3117	9	9	9	9	9	9	9.0	100
LPP 3122/2	9	9	9	9	9	9	9.0	100
P 3	9	9	9	9	9	9	9.0	100
LPP 3132	9	9	9	9	9	9	9.0	100
NAK 22/12	7	9	9	9	7	9	8.3	92
TV 1100	7	9	9	9	7	9	8.3	92
NAK34/12–2	9	9	9	9	9	9	9.0	100
LSD$_{05}$	*1*	*1*	*1*	*1*	*1*	*1*	*0.4*	–

Verifica-se que o teor de proteínas foi o que mais afectou a quantidade de glúten e a avaliação global da qualidade do pão obtido com farinha de qualidade superior, uma vez que existe uma correlação direta elevada entre eles - r = 0,83-0,84 (Quadro 33). O teor de glúten influenciou um pouco estes indicadores (r = 0,63-0,64). Existe uma correlação inversa significativa (r = -0,53 - -0,54) entre a superfície da côdea e o teor de proteínas e glúten.

Quadro 33 Correlação entre as propriedades panificáveis do grão de trigo e a qualidade do pão

Indicator	Protein content, %	Gluten content, %	Gluten deformation index, units	Flour strength, min
Bread of higher grade flour				
Volume, cm^3	0.17	0.11	-0.57	0.71
Gloss size, point	0.84	0.64	0.41	-0.25
Crust surface, point	-0.53	-0.54	-0.87	0.57
Cell size, point	-0.21	-0.30	-0.84	0.61
Overall assessment, point	0.83	0.63	-0.82	0.69
Bread of whole-wheat flour				

Volume, cm^3	0.24	0.12	-0.41	0.64
Crust surface, point	-0.51	-0.54	-0.85	0.55
Cell size, point	-0.51	-0.54	-0.85	0.57
Overall assessment, point	-0.50	-0.52	-0.83	0.60

Todos os indicadores de qualidade do pão foram influenciados pelo índice de deformação do glúten. Assim, existe uma forte correlação inversa (r = -0,82 - -0,87) entre este indicador e a superfície da côdea, o tamanho das células e a avaliação global. Existe uma correlação significativa inversa com o volume do pão (r = -0,57) e uma correlação média direta com o tamanho do brilho do pão (r = 0,41). O volume do pão foi sobretudo influenciado pela força da farinha, uma vez que existe uma correlação forte direta (r = 0,71) e uma correlação significativa com a superfície da côdea, o tamanho das células e a avaliação global.

O índice de deformação do glúten e a resistência da farinha influenciaram de forma semelhante os indicadores de qualidade do pão obtido a partir de farinha de trigo integral. No entanto, existe uma correlação inversa significativa (r = -0,50 - -0,54) entre a superfície da côdea, o tamanho das células, a avaliação global da qualidade do pão e o teor de proteínas e glúten.

Consequentemente, o teor de proteínas do grão influencia o tamanho do brilho da superfície do pão e a sua avaliação global. O teor de glúten afecta um pouco menos a qualidade do pão. Além disso, o índice de deformação do glúten também afecta a superfície da côdea, o tamanho das células e a avaliação global da qualidade do pão. O pão feito com farinha da variedade Zoria Ukrainy, das estirpes LPP 3132, NAK34 /12-2 e TV 1100 tem a avaliação culinária global mais elevada.

CAPÍTULO 8

AVALIAÇÃO DA QUALIDADE DE MACARRÃO COM FARINHA DE DIFERENTES VARIEDADES E ESTIRPES DE TRIGO ESPELTA

A qualidade do macarrão é determinada por um conjunto de indicadores tecnológicos. A sua cor depende do teor de pigmentos do tipo caroteno. Para que o macarrão tenha uma cor amarela, o seu teor deve ser de 3-5 mg/ kg de grão (Golik V.S., 2008).

O teor de pigmentos do tipo caroteno no grão da variedade Zoria Ukrainy foi de 0,35 mg/ kg (Fig.26). Valores ao nível deste indicador são registados nas estirpes LPP 3373 e NAK 34 /12-2.

No grão da variedade Shvedska 1 e em quatro estirpes (LPP 1221, P 3, NAK 34/12-2 e TV 1100), o teor de pigmentos do tipo caroteno excedeu o valor da variante de controlo em 6-11%. Os indicadores de outras formas foram significativamente inferiores ao valor da variante de controlo e situaram-se na gama de 0,16-0,31 mg/ kg.

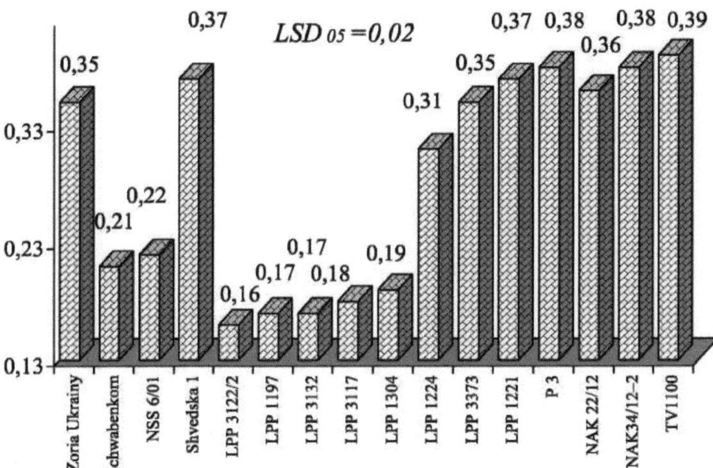

Fig.26. Teor de pigmentos do tipo caroteno no grão de diferentes variedades e estirpes de trigo espelta, mg/ kg

Consequentemente, o teor de pigmentos amarelos no grão das variedades e estirpes de trigo espelta é insuficiente para obter macarrão com uma cor amarela, pelo que a mistura foi adicionada à receita.

A avaliação culinária dos macarrões obtidos a partir do grão de trigo espelta foi efectuada em termos do coeficiente de cozedura, da cor e da perda de massa seca (Quadro 34). O coeficiente de cozedura em peso da estirpe introgressiva NAK34/12-2 foi o mais elevado, com 9 pontos.

Os macarrões da variedade NSS 6/01, das estirpes LPP 1304, LPP 3122/2, LPP 3373 e NAK 22/12 tiveram um indicador de 7 pontos. Nas outras variedades e estirpes, o coeficiente de cozedura foi o pior e correspondeu a 5 pontos.

Quadro 34 Avaliação culinária de macarrão obtido a partir de farinha de diversas variedades e estirpes de trigo espelta

Variety, strain	Coefficient of cooking		Color	Loss of dry mass	Overall assessment	
					point	%
Zoria Ukrainy (st)	5	5	7	5	5.5	61
Schwabenkorn	5	5	5	5	5.0	56
Shvedska 1	5	5	7	5	5.5	61
NSS 6/01	7	5	5	5	5.5	61
LPP 1197	5	5	5	5	5.0	56
LPP 3117	5	7	5	5	5.5	61
LPP 1304	7	5	5	5	5.5	61
LPP 1224	5	5	7	5	5.5	61
LPP 3132	5	7	5	5	5.5	61
LPP 1221	5	5	7	5	5.5	61
LPP 3122/2	7	7	5	5	6.0	67
P 3	5	7	7	5	6.0	67
LPP 3373	7	5	7	5	6.0	67
TV 1100	5	5	7	5	5.5	61
NAK 22/12	7	5	7	5	6.0	67
NAK34/12–2	9	7	7	5	7.0	78
LSD$_{05}$	*1*	*1*	*1*	*1*	*0.3*	–

Durante a avaliação culinária de macarrão de farinha de trigo espelta, o coeficiente de cozedura por volume foi o mais elevado em LPP 3117, LPP 3132, LPP 3122/2, P 3 e NAK34 / 12-2 (7 pontos).

Nas outras formas, este indicador foi significativamente menor e foi de 5 pontos. A cor creme do macarrão foi obtida das variedades Shvedska 1 e NSS 6/01, das estirpes LPP 1224, LPP 1221, R 3, LPP 3373, TV 1100, NAK 22/12 e NAK34 / 12-2, que corresponderam a 7 pontos.

Nas outras variedades e estirpes de trigo espelta, os macarrões apresentavam uma tonalidade creme clara (5 pontos). No indicador da perda de peso seco do macarrão, todas as variedades e estirpes de trigo espelta tinham 5 pontos (6,6-7,0%).

A avaliação global do macarrão obtido a partir de grãos das estirpes LPP 3122/2, P 3, LPP 3373, NAK 22/12 e NAK34 / 12-2 foi significativamente mais elevada do que o valor da variante de controlo e foi de 6,0-7,0 pontos ou 67-78% do valor máximo. Este indicador da variedade Schwabenkom e da estirpe LPP 1197 teve um valor significativamente mais baixo (5,0 pontos) e nas outras formas situou-se no nível padrão (5,5 pontos).

O teor de proteínas, o glúten e o índice de deformação do glúten tiveram um efeito fraco no coeficiente de cozedura em peso, uma vez que se verificou uma correlação inversa fraca (r = -0,21 - -0,30) entre estes indicadores.

Verificou-se uma correlação média inversa entre o coeficiente de cozedura do macarrão em volume e o teor de proteínas e glúten (r = -0,44 - -0,47). No entanto, o índice de deformação do glúten foi o que mais afectou este indicador, uma vez que a ligação foi elevada (r = -0,81), o que é descrito pela seguinte equação de regressão:

Y = -0,1034x+ 16,502,

em que Y é o coeficiente de cozedura do macarrão em peso, ponto;

x é o índice de deformação de glúten, unidade (Fig.27).

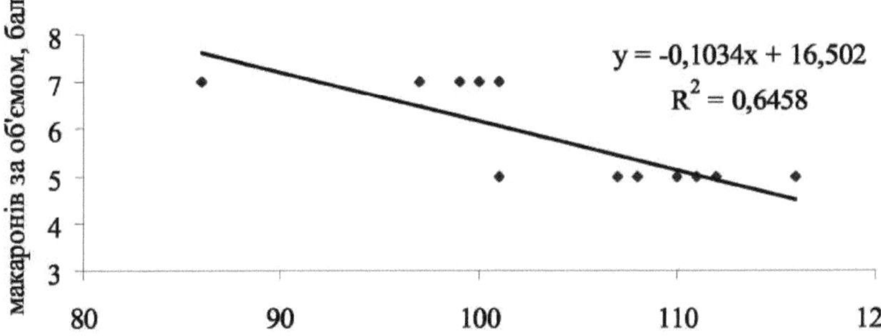

Fig.27. Correlação entre o coeficiente de cozedura do macarrão em peso e o índice de deformação do glúten

Verifica-se que a cor do macarrão foi influenciada principalmente pela quantidade de pigmentos do tipo caroteno, uma vez que entre estes indicadores houve uma correlação direta muito elevada (r = 0,97) que é descrita pela seguinte equação de regressão: Y = 10,676x + 3,0824, onde Y é a cor do macarrão, ponto;

x é o teor de pigmentos do tipo caroteno, mg/ kg de grão (Fig. 28).

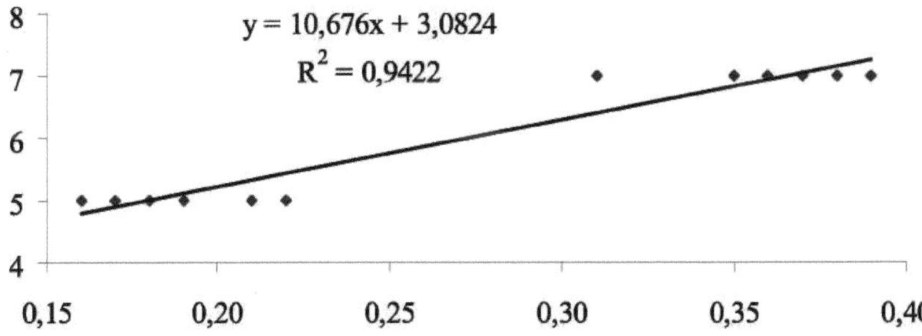

Fig.28. Correlação entre a cor do macarrão e o teor de pigmentos do tipo caroteno

O cálculo do índice de avaliação integrado também mostrou que os macarrões obtidos a partir de grãos das estirpes de trigo espelta LPP 3122/2, P 3, LPP 3373, NAK 22/12 e NAK34 / 12-2 eram os de melhor qualidade, uma vez que eram os mais elevados - 0,66-0,76 (Fig. 29). A qualidade mais baixa do macarrão foi obtida a partir de grãos da variedade Schwabenkom e da estirpe LPP 1197 (0,56).

Consequentemente, o grão de trigo é caracterizado por propriedades de macarrão médias, uma vez que o índice de deformação do glúten é fraco. As propriedades elevadas do macarrão são de grãos da estirpe introgressiva (NAK34 / 12-2).

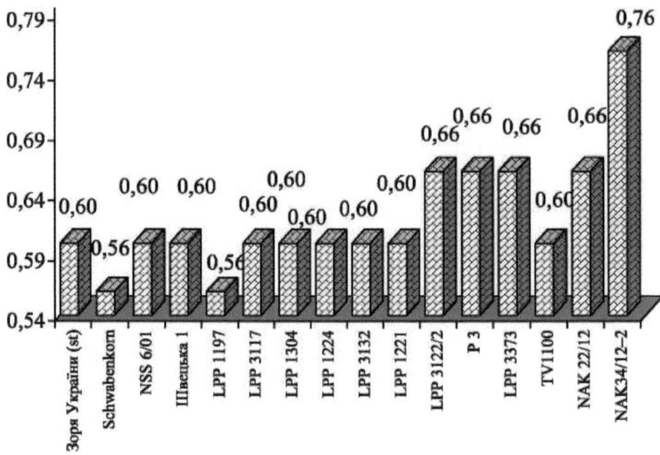

Fig.29. Índice da avaliação complexa da qualidade do macarrão a partir de grãos de diversas variedades e estirpes de trigo espelta, 2015

CAPÍTULO 9

PRODUÇÃO E QUALIDADE DOS PRODUTOS CEREALÍFEROS

Os cereais ocupam um lugar de destaque na economia nacional. De acordo com as normas fisiológicas, a dieta humana diária deve conter cerca de 40 g de produtos cerealíferos, o que corresponde a um consumo de 14-15 kg por ano (Blazhevich L. Yu., 2008). Além disso, os produtos cerealíferos fornecem cerca de 30% das necessidades energéticas devido ao teor de 30% de proteínas e 55% de hidratos de carbono na sua composição (Boyko P., 2017). No entanto, estes produtos contêm geralmente um teor insuficiente de proteínas. Uma das formas de resolver este problema é encontrar tipos alternativos de matérias-primas de cereais com elevado teor. O desenvolvimento de produtos cerealíferos a partir de grãos de tipos de trigo menos comuns é prometedor.

Verificou-se que o rendimento mais elevado de cereais foi obtido a partir do trigo espelta número 1, que variou significativamente consoante a variedade e a estirpe. Assim, o rendimento mais elevado foi obtido a partir de grãos das variedades Shvedska 1, Zoria Ukrainy e Schwabenkom (88,3-89,8%) (quadro 35). Os grãos de P 3, LPP 1304, LPP 3122/2, LPP 3117 e LPP 3373 obtidos pela hibridação de *Triticum aestivum / Triticum spelta* foram caracterizados pelo maior rendimento - de 87,3 a 90,4%. Este indicador das outras estirpes variou de 83,7% a 86,2%. As estirpes introgressivas NAK 22/12 e TV 1100 tiveram um rendimento de 89,7 e 90,2% dos cereais inteiros, enquanto o grão da estirpe NAK34 / 12-2 teve um rendimento significativamente inferior de 84,4%. O rendimento dos cereais laminados foi semelhante ao rendimento dos cereais inteiros, cujo indicador variou de 81,0 a 87,3%. O rendimento dos cereais moídos foi o mais baixo e variou de 77,6 a 79,5%. É de notar que, na composição dos cereais moídos, o rendimento mais elevado foi o dos cereais moídos número 2 - 50,4-51,3% e o rendimento mais baixo o dos cereais moídos número 1 (9,2-10,4%). Existe uma correlação direta muito elevada ($r = 0,98$) entre o rendimento dos cereais do trigo espelta número 1 e o teor de endosperma no grão, que é descrita pela seguinte equação de regressão

$$Y = 0,9728x + 4,7073,$$

em que Y é o rendimento da farinha, em %;

x é o teor de endosperma no grão, em % (Fig.30).

Quadro 35 **Rendimento de produtos cerealíferos a partir de grãos de diferentes variedades e estirpes de trigo espelta, em %**

| Variety, strain | Yield of cereal | | | | | |
| | № 1 | of milled | | | | rolled |
		№ 1	№ 2	№ 3	Σ	
Zoria Ukrainy (st)	88.3	9.9	50.8	17.7	78.4	85.4
NSS 6/01	85.1	9.8	51.3	18.1	79.2	82.4
Schwabenkorn	87.6	10.1	51.2	18.2	79.5	84.6
Shvedska 1	89.8	9.2	50.9	17.5	77.6	86.7
LPP 1197	83.7	9.3	50.7	18.0	78.0	81.0
LPP 3132	84.8	10.1	51.3	18.0	79.4	81.7
LPP 1224	86.2	9.8	51.3	18.3	79.4	83.2

P 3	87.3	10.4	51.2	18.1	79.7	84.2
LPP 1304	88.5	10.3	50.7	17.9	78.9	85.6
LPP 3122/2	88.9	9.5	51.4	18.2	79.1	85.9
LPP 3117	89.6	10.2	50.8	17.8	78.8	86.5
LPP 3373	90.4	10.3	50.9	18.2	79.4	87.5
NAK34/12–2	84.5	9.8	51.4	18.2	79.4	81.5
NAK 22/12	89.7	9.9	51.3	18.4	79.6	86.7
TV 1100	90.2	9.2	50.4	18.0	77.6	87.3
LSD$_{05}$	*4.1*	*0.5*	*2.5*	*0.8*	*3.9*	*4.2*

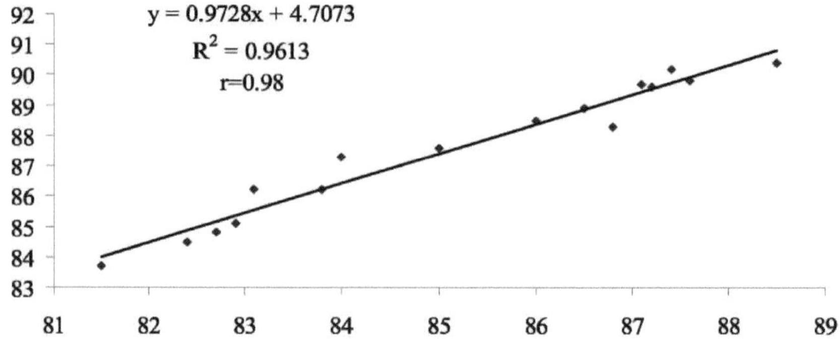

Fig.30. Correlação entre o rendimento de cereais do trigo espelta número 1 e o teor de endosperma

A avaliação culinária dos cereais inteiros, dos cereais moídos números 1, 2 e 3 e dos cereais laminados é efectuada de acordo com os indicadores: sabor, cor, gosto, consistência e consistência durante a mastigação. Todos estes indicadores da avaliação culinária dos cereais nas formas estudadas de trigo espelta tiveram um nível muito elevado e ascenderam a 9 pontos (quadro 36). O sabor e o paladar das papas de cereais foram fortemente expressos, a cor era creme claro e a consistência era quebradiça. A papa durante a mastigação era muito tenra, bem mastigada, sem trituração. Por conseguinte, o grão de trigo espelta de todas as variedades e estirpes é o mais adequado para a produção de cereais, uma vez que a avaliação culinária é muito elevada.

Quadro 36 **Avaliação culinária dos cereais inteiros, dos cereais moídos números 1,2 e 3 e dos cereais laminados em função da variedade e da estirpe, ponto**

Variety, strain	Flavor	Color	Taste	Consistency	Consistency during chewing я	Overall assessment
Zoria Ukrainy (st)	9	9	9	9	9	9
Shvedska 1	9	9	9	9	9	9
Schwabenkorn	9	9	9	9	9	9
NSS 6/01	9	9	9	9	9	9

LPP 1197	9	9	9	9	9	9
LPP 3117	9	9	9	9	9	9
LPP 1304	9	9	9	9	9	9
LPP 1224	9	9	9	9	9	9
LPP 3122/2	9	9	9	9	9	9
P 3	9	9	9	9	9	9
LPP 3132	9	9	9	9	9	9
LPP 3373	9	9	9	9	9	9
LPP 1221	9	9	9	9	9	9
NAK34/12–2	9	9	9	9	9	9
NAK 22/12	9	9	9	9	9	9
TV 1100	9	9	9	9	9	9
LSD_{05}	1	1	1	1	1	1

A avaliação culinária da sêmola do grão de trigo espelta foi efectuada com base no aroma, na cor, no sabor e na consistência dos cereais. Assim, de acordo com o aroma, o sabor e a consistência, a sêmola não se alterou consoante a variedade e a estirpe e foi avaliada em 9 pontos, o que corresponde a um nível muito elevado (quadro 37). O cheiro e o sabor das papas obtidas a partir de cereais de sêmola eram muito pronunciados. A consistência era viscosa, homogénea, com lóbulos endospérmicos inchados.

A cor das papas de cereais de sêmola da variedade Schwabenkom e das estirpes NSS 6/01, LPP 1197, LPP 3117, LPP 1304, LPP 3122/2 e LPP 3132 era creme, correspondendo a 7 pontos. A cor da papa das outras amostras era creme claro com uma tonalidade amarela (9 pontos).

A avaliação global das papas de sêmola das variedades Zoria Ukrainy e Shvedska 1 e de sete estirpes foi muito elevada (9,0 pontos). Noutras amostras, este valor foi de 8,5 pontos ou 94% do valor máximo.

Quadro 37 Avaliação culinária da sêmola de diferentes variedades e estirpes de trigo espelta, ponto

Variety, strain	Flavor	Color	Taste	Consistency	OA	
					point	%
Zoria Ukrainy (st)	9	9	9	9	9.0	100
Schwabenkorn	9	7	9	9	8.5	94
NSS 6/01	9	7	9	9	8.5	94
Shvedska 1	9	9	9	9	9.0	100
LPP 1197	9	7	9	9	8.5	94
LPP 3117	9	7	9	9	8.5	94
LPP 1304	9	7	9	9	8.5	94
LPP 3122/2	9	7	9	9	8.5	94
LPP 3132	9	7	9	9	8.5	94
LPP 1224	9	9	9	9	9.0	100
P 3	9	9	9	9	9.0	100
LPP 3373	9	9	9	9	9.0	100
LPP 1221	9	9	9	9	9.0	100

NAK34/12–2	9	9	9	9	9.0	100
NAK 22/12	9	9	9	9	9.0	100
TV 1100	9	9	9	9	9.0	100
LSD$_{05}$	*1*	*1*	*1*	*1*	*0.4*	*–*

O coeficiente de cozedura das papas de cereais número 1 obtidas a partir de grãos da variedade Zoria Ukrainy foi de 6,0 (Quadro 38). A estirpe LPP 1221 teve o valor mais elevado de 6,1, mas a diferença não foi significativa. O indicador da estirpe TV 1100 correspondeu ao valor da variante de controlo. Todas as outras amostras estudadas tiveram indicadores significativamente mais pequenos do que a variedade Zoria Ukrainy (st) e situaram-se no intervalo de 5,0-5,7.

O coeficiente de cozedura das papas de cereais moídos número 1 foi o mais elevado na variedade Zoria Ukrainy e na estirpe LPP 1221 (6,1). A tendência para baixar o indicador (6,0) foi acentuada na estirpe TV 1100. Nas restantes formas, o coeficiente de cozedura das papas foi de 4,9-5,7, significativamente inferior ao da variante de controlo.

Quadro 38 Coeficiente de cozedura das papas de produtos cerealíferos obtidos a partir de grãos de diferentes variedades e estirpes

Variety, strain	Cooking coefficient for porridge of					
	№ 1	milled cereals			rolled cereals	semolina
		№ 1	№ 2	№ 3		
Zoria Ukrainy (st)	6.0	6.1	6.2	6.3	6.3	7.5
Shvedska 1	5.1	5.1	5.3	5.4	5.2	6.5
NSS 6/01	5.3	5.3	5.4	5.5	5.5	6.2
Schwabenkorn	5.6	5.6	5.7	5.8	5.8	6.8
LPP 1197	5.0	4.9	5.0	5.1	5.0	6.0
LPP 3122/2	5.0	5.0	5.1	5.2	5.0	5.9
LPP 3117	5.1	5.1	5.1	5.2	5.2	6.0
LPP 1304	5.2	5.1	5.2	5.3	5.3	6.5
P 3	5.2	5.5	5.4	5.5	5.4	7.0
LPP 3132	5.4	5.6	5.6	5.7	5.7	7.1
LPP 1224	5.5	5.5	5.7	5.7	5.7	6.6
LPP 3373	5.7	5.6	5.7	5.9	5.8	7.2
LPP 1221	6.1	6.1	6.1	6.2	6.2	7.5
NAK34/12–2	5.1	5.1	5.2	5.3	5.3	6.3
NAK 22/12	5.7	5.7	5.7	5.8	5.8	6.7
TV 1100	6.0	6.0	6.1	6.2	6.2	6.9
LSD$_{05}$	*0.2*	*0.3*	*0.3*	*0.3*	*0.2*	*0.3*

O coeficiente de cozedura das papas de cereais moídos número 2 da variedade Zoria Ukrainy, das estirpes LPP 1221 e TV 1100 foi também o mais elevado, sendo respetivamente de 6,1 a 6,2. Todas as outras amostras de papas de cereais de trigo espelta tinham o indicador de 5,0 a 5,7, que é significativamente mais baixo do que a variante de controlo.

O coeficiente de cozedura das papas de cereais moídos número 3 e dos cereais laminados alterou-se da mesma forma.

O coeficiente de cozedura das papas de sêmola foi o mais elevado em comparação com outros produtos cerealíferos e variou entre 5,9 e 7,5. As papas de sêmola da variedade Zoria Ukrainy e da estirpe LPP 1221 apresentaram o coeficiente de cozedura mais elevado (7,5). As restantes amostras estudadas apresentaram valores significativamente mais baixos do que a variante de controlo, que se situou ao nível de 5,9-7,2. Durante a avaliação culinária do extrudado do grão de trigo espelta não descascado, o sabor, a cor, o gosto e a consistência durante a mastigação foram determinados a uma temperatura de extrusão de 100-110°C e 180-200°C (Quadro 39). Assim, durante a extrusão a uma temperatura de 100-110°C, o sabor e o gosto do extrudado foram de 9 pontos em todas as variedades e estirpes de trigo espelta estudadas. A cor correspondeu a 7 pontos, com exceção do extrudado da estirpe TV 1100, cujo valor correspondeu a 9 pontos. O extrudado obtido a partir de grãos das variedades Zoria Ukrainy, Shvedska 1 e sete linhagens teve a estimativa mais elevada de consistência - tenro, bem mastigado, sem trituração, correspondendo a 7 pontos. O indicador de consistência, correspondente a 5 pontos, encontrava-se no extrudado das variedades Schwabenkom e NSS 6/01 e das estirpes LPP 1197, LPP 1224, P 3, LPP 3132 e NAK 34 /12-2.

A avaliação culinária mais elevada registou-se no extrudado da estirpe TV 1100 (8,5 pontos). A avaliação global do extrudado das variedades Schwabenkom e NSS 6/01, das estirpes LPP 1197, LPP 1224, P 3, LPP 3132 e NAK 34/12-2 foi elevada, com 7,5 pontos, e das outras variedades e estirpes foi muito elevada.

Durante a extrusão a uma temperatura de 180-200°C, o aroma, o sabor e a consistência não se alteraram em comparação com a extrusão a uma temperatura mais baixa e atingiram 9 pontos. No entanto, a sua consistência aumentou para 9 pontos ou 6-20%. Por conseguinte, a avaliação culinária deste extrudado cresceu para um nível muito elevado - 8,5-9,0 pontos ou 6-13%. O extrudado da estirpe TV 1100 teve a avaliação mais elevada (9,0 pontos). As restantes amostras de trigo espelta tiveram o indicador de 8,5 pontos.

Quadro 39 **Estimativa culinária do extrudado de grãos não descascados de diversas variedades e estirpes de trigo espelta, ponto**

Variety, strain	Extrusion at temperature °C									
	100–110					180–200				
	Flavor	Color	Taste	Consistency	Overall assessment	Flavor	Color	Taste	Consistency	Overall assessment
Zoria Ukrainy (st)	9	7	9	7	8.0	9	7	9	9	8.5
Schwabenkorn	9	7	9	5	7.5	9	7	9	9	8.5
NSS 6/01	9	7	9	5	7.5	9	7	9	9	8.5
Shvedska 1	9	7	9	7	8.0	9	7	9	9	8.5
LPP 1197	9	7	9	5	7.5	9	7	9	9	8.5

LPP 1224	9	7	9	5	7.5	9	7	9	9	8.5
P 3	9	7	9	5	7.5	9	7	9	9	8.5
LPP 3132	9	7	9	5	7.5	9	7	9	9	8.5
LPP 3117	9	7	9	7	8.0	9	7	9	9	8.5
LPP 1304	9	7	9	7	8.0	9	7	9	9	8.5
LPP 3122/2	9	7	9	7	8.0	9	7	9	9	8.5
LPP 3373	9	7	9	7	8.0	9	7	9	9	8.5
LPP 1221	9	7	9	7	8.0	9	7	9	9	8.5
NAK34/12–2	9	7	9	5	7.5	9	7	9	9	8.5
NAK 22/12	9	7	9	7	8.0	9	7	9	9	8.5
TV 1100	9	9	9	7	8.5	9	9	9	9	9.0
LSD$_{05}$	*1*	*1*	*1*	*1*	*0.4*	*1*	*1*	*1*	*1*	*0.5*

Por conseguinte, para a extrusão de grão de trigo espelta não descascado a uma temperatura de 100-110°C, é necessário utilizar as variedades Zoria Ukrainy, Shvedska 1, LPP 3117, LPP 1304, LPP 3122/2, LPP 3373, LPP 1221, TV 1100 e NAK 22/12, uma vez que o produto obtido teve uma avaliação muito elevada. Para a extrusão a alta temperatura, todas as formas estudadas de trigo espelta são adequadas.

A remoção das cascas através do descasque do grão aumentou a avaliação culinária do extrudado para 9 pontos em todos os parâmetros, independentemente da temperatura de extrusão (Quadro 40).

Quadro 40 Avaliação culinária do extrudado do grão descascado de diversas variedades e estirpes de trigo espelta, ponto

Variety, strain	Extrusion at temperature °C									
	100–110					180–200				
	Flavor	Color	Taste	Consistency	Overall assessment	Flavor	Color	Taste	Consistency	Overall assessment
Zoria Ukrainy (st)	9	9	9	9	9	9	9	9	9	9
Shvedska 1	9	9	9	9	9	9	9	9	9	9
Schwabenkorn	9	9	9	9	9	9	9	9	9	9
NSS 6/01	9	9	9	9	9	9	9	9	9	9
LPP 1197	9	9	9	9	9	9	9	9	9	9
LPP 3117	9	9	9	9	9	9	9	9	9	9
LPP 1304	9	9	9	9	9	9	9	9	9	9
LPP 1224	9	9	9	9	9	9	9	9	9	9
LPP 3122/2	9	9	9	9	9	9	9	9	9	9
P 3	9	9	9	9	9	9	9	9	9	9
LPP 3132	9	9	9	9	9	9	9	9	9	9
LPP 3373	9	9	9	9	9	9	9	9	9	9
LPP 1221	9	9	9	9	9	9	9	9	9	9

NAK34/12–2	9	9	9	9	9	9	9	9	9	9
NAK 22/12	9	9	9	9	9	9	9	9	9	9
TV 1100	9	9	9	9	9	9	9	9	9	9
LSD$_{05}$	*1*	*1*	*1*	*1*	*1*	*1*	*1*	*1*	*1*	*1*

O extrudado do grão de trigo descascado era caracterizado por uma cor creme clara e, no que respeita à estirpe TV 1100, apresentava uma tonalidade amarela. O sabor e o paladar eram fortemente pronunciados e a consistência durante a mastigação era muito tenra, bem mastigada, sem trituração.

Verificou-se uma correlação direta elevada entre o coeficiente de cozedura dos cereais laminados, inteiros, moídos, extrudidos e o teor de glúten no grão de trigo espelta (r = 0,77-0,87) e foi significativa no caso dos cereais de sêmola (r = 0,63).

O coeficiente de cozedura do extrudado do grão de trigo de espelta descascado e não descascado foi determinado por extrusão à temperatura de 100-110°C e 180-200°C (Quadro 41)   .   À temperatura de extrusão do grão descascado de 100-110°C, o coeficiente de cozedura foi o mais elevado das variedades Zoria Ukrainy, Schwabenkom, LPP 1221 e TV 1100 (6,0-6,6). No resto das formas estudadas, este valor variou de 5,2 a 5,9 ou foi inferior em 11-21% em comparação com a variante de controlo.

O coeficiente de cozedura do extrudado de grãos não descascados da variedade Zoria Ukrainy foi o maior (6,7). O valor mais baixo foi registado no extrudado da estirpe LPP 1221 (6,4), com uma diferença insignificante. Este coeficiente da variedade Schwabenkom e da estirpe TV 1100 foi de 6,1 e 6,2, respetivamente. O coeficiente de cozedura do extrudado de outras variedades e estirpes de trigo espelta situou-se entre 5,3 e 5,9, ou seja, foi inferior em 12-21% ao da variedade Zoria Ukrainy (st).

Quadro 41 Coeficiente de cozedura do extrudado de grãos descascados e não descascados de diferentes variedades e estirpes de trigo espelta

Variety, strain	Extrusion at temperature °C			
	100–110		180–200	
	unhusked grain	peeled grain	unhusked grain	peeled grain
Zoria Ukrainy (st)	6.6	6.7	6.5	6.8
Shvedska 1	5.4	5.5	5.5	5.5
NSS 6/01	5.8	5.8	5.7	5.8
Schwabenkorn	6.0	6.1	5.9	6.1
LPP 1197	5.2	5.3	5.2	5.4
LPP 3122/2	5.3	5.3	5.3	5.3
LPP 3117	5.4	5.4	5.5	5.5
LPP 1304	5.6	5.5	5.4	5.6
P 3	5.7	5.8	5.6	5.8
LPP 1224	5.8	5.7	5.9	5.9
LPP 3132	5.9	5.9	5.8	5.9
LPP 3373	5.9	5.8	5.9	5.8
LPP 1221	6.5	6.4	6.4	6.6
NAK34/12–2	5.6	5.5	5.6	5.6

NAK 22/12	5.9	5.8	5.9	5.9
TV 1100	6.3	6.2	6.4	6.5
LSD$_{05}$	*0.3*	*0.3*	*0.3*	*0.3*

O coeficiente de cozedura do extrudado obtido por extrusão a alta temperatura alterou-se da mesma forma. Assim, o coeficiente de cozedura do extrudado de grão descascado foi o mais elevado na variedade Zoria Ukrainy, nas estirpes LPP 1221 e TV 1100 (6,4-6,5) e nas outras formas foi de 5,2-5,9 ou inferior em 10-20% em comparação com a variante de controlo.

O coeficiente de cozedura do extrudado do grão não descascado foi também o mais elevado na variedade Zoria Ukrainy (6,8). Foram registados valores mais baixos nas estirpes TV 1100 e LPP 1221, com uma diferença insignificante (6,5 e 6,6, respetivamente). O coeficiente de cozedura do extrudado de outras variedades e estirpes estudadas variou de 5,3 a 6,1, o que foi significativamente inferior ao da variante de controlo.

O teor de proteínas do grão de trigo espelta foi o que mais influenciou o coeficiente de cozedura dos produtos cerealíferos. Assim, verificou-se uma correlação direta elevada entre estes indicadores para os cereais inteiros, moídos e de sêmola (r = 0,87-0,89) e uma correlação muito elevada para os cereais laminados e o extrudado de grão descascado (r = 0,91-0,94). No entanto, a correlação foi mais elevada para o extrudado de grão não descascado (r = 0,96), que é descrita pela seguinte equação de regressão

Y = 0,1665x + 3,0386,

em que Y é o coeficiente de cozedura;

x é o teor de proteínas do grão, em % (Fig. 31).

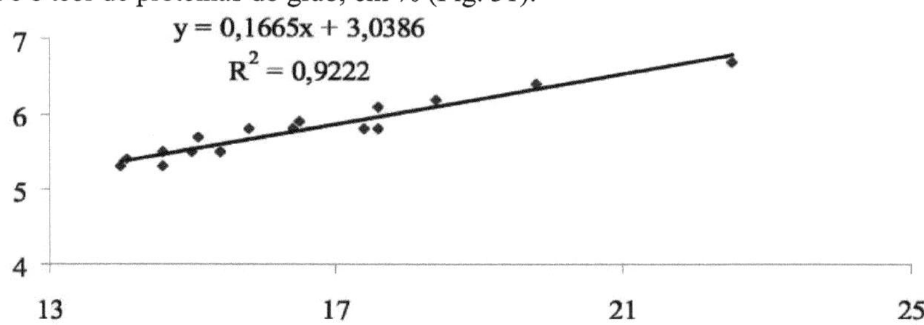

Fig.31. Correlação entre o extrudado do coeficiente de cozedura do grão não descascado de trigo espelta e o teor de proteínas

Consequentemente, as propriedades cerealíferas do grão de trigo espelta variam consoante a variedade e a estirpe. O grão de trigo espelta pode ser membranoso (variedade Zoria Ukrainy e estirpe NAK 22/12), não membranoso (variedade Shvedska 1, estirpes LPP 3117, P 3 e LPP 1221) e o grão de outras formas era meio membranoso. O teor de casca variava numa vasta gama - de 30,4 a 64,8%, consoante a variedade e a estirpe. Verificou-se que o rendimento dos cereais é influenciado pelo teor de endosperma nos grãos. Foi determinado que, pelo rendimento dos cereais, as melhores propriedades cerealíferas são as das variedades Shvedska 1, Zoria Ukrainy e Schwabenkom, P 3, LPP 1304, LPP 3122/2, LPP 3117 e LPP 3373.

CAPÍTULO 10

PROPRIEDADES DE CONFEITARIA DO GRÃO DE TRIGO ESPELTA

A indústria de confeitaria pertence aos sectores em desenvolvimento dinâmico, não só na Ucrânia, mas também em todo o mundo. Qualquer desenvolvimento económico é impossível sem a ativação da inovação, a atualização e modernização das instalações de produção e o desenvolvimento de novos produtos competitivos. A capacidade do mercado nacional de produtos de confeitaria é de cerca de 1 milhão de toneladas/ano, sendo a quota de produtos de confeitaria à base de farinha de cerca de 40% (Lohrmann J., Harter K., 2002). As propriedades tecnológicas dos ingredientes dos quais a farinha é de importância fundamental afectam a qualidade dos produtos de confeitaria.

O estudo mostrou que as propriedades de confeitaria variam consideravelmente em função da origem da variedade e da estirpe do trigo espelta (quadro 42). Assim, o teor de glúten variou de 29,2% nas estirpes LPP 1197, LPP 3117 e NAK 34/12-2 a 44,9% no grão da variedade Zoria Ukrainy (st) (quadro 2). O teor de glúten mais elevado registou-se no grão da variedade Zoria Ukrainy - 44,9% e na estirpe LPP 1221 - 43,6%. O grão de outras variedades e estirpes de trigo espelta continha significativamente menos glúten do que a variante de controlo *(LSDos =1,6)*. A origem das variedades e estirpes não afectou este indicador, porque em cada grupo de formas estudadas de trigo espelta havia grão com alto e médio teor de glúten.

O glúten é considerado bom quando o seu índice de deformação é de 45-75 unidades, é satisfatoriamente fraco quando o seu índice de deformação é de 75-100 unidades e é insatisfatoriamente fraco quando é de 100-120 unidades. Quatro das 16 variedades e estirpes de trigo espelta apresentavam glúten satisfatoriamente fraco e as restantes apresentavam-no insatisfatoriamente fraco. É de salientar o grão de trigo espelta da estirpe NAK 34/12-2, com um teor de glúten de 29,2% e um índice de deformação do glúten de 86 unidades, uma vez que não é típico do trigo espelta. O resultado é a recombigénese do genoma do trigo em consequência da sua hibridação com o anfiplóide *(Triticum durum / Ae. tauschii)*. Os grãos da variedade Shvedska 1 (101 unidades) e da estirpe LPP 3132 (101 unidades) aproximaram-se do indicador de glúten satisfatoriamente fraco.

Quadro 42 Propriedades de confeção do grão de trigo espelta em função da origem da variedade e da estirpe

Variety, strain	Gluten content		Gluten deformation index		Alkaline retaining flour ability	
	%	to st, ±	units	to st, ±	%	to st, ±
Zoria Ukrainy (st)	44.9	–	108	–	78.2	–
Shvedska 1	31.6	-13.3	101	-7.0	79.3	1.1
Schwabenkorn	40.1	-4.8	111	3.0	75.1	-3.1
NSS 6/01	42.1	-2.8	112	4.0	74.7	-3.5
LPP 1197	29.2	-15.7	111	3.0	74.4	-3.8
LPP 3117	29.2	-15.7	99	-9.0	80.6	2.4
LPP 1304	30.8	-14.1	116	8.0	73.7	-4.5
LPP 1224	31.6	-13.3	110	2.0	74.5	-3.7

LPP 3122/2	32.0	-12.9	97	-11.0	85.3	7.1
P 3	32.8	-12.1	100	-8.0	78.8	0.6
LPP 3132	32.9	-12.0	101	-7.0	79.3	1.1
LPP 3373	35.2	-9.7	107	-1.0	77.2	-1.0
LPP 1221	43.6	-1.3	107	-1.0	77.6	-0.6
NAK34/12–2	29.2	-15.7	86	-22.0	86.2	8.0
NAK 22/12	34.8	-10.1	110	2.0	74.7	-3.5
TV 1100	36.8	-8.1	107	-1.0	78.3	0.1
LSD$_{05}$	*1.6*		*5*		*3.8*	

O índice de deformação do glúten afecta significativamente a capacidade de retenção alcalina da farinha *(LSD05=3,8)*. Assim, a capacidade de retenção alcalina da farinha aumentou com um indicador maior do índice de deformação do glúten. A capacidade de retenção alcalina mais baixa foi a da farinha das variedades NSS 6/01, LPP 1197, LPP 1304, LPP 1224 e NAK 22/12 (73,7-74,7%), que foi significativamente mais baixa do que a variante de controlo (variedade Zoria Ukrainy). Este indicador foi o mais elevado na farinha das estirpes LPP 3117 e NAK34 /12-2 (84,6-86,2%).

Estudos mostram que a qualidade dos biscoitos varia significativamente dependendo da variedade e da estirpe. A razão entre o diâmetro do biscoito e o diâmetro da massa foi a menor nos biscoitos das variedades LPP 3122/2 e NAK 34/12-2 - 1.2 (Tabela 43). Os biscoitos obtidos das variedades Zoria Ukrainy, Schwabenkom e NSS 6/01, das estirpes LPP 1221, LPP 3373, LPP 1224, LPP 1197 e LPP 1304 não alteraram a sua espessura. Isto é evidenciado pela relação entre a sua espessura e a espessura de um biscoito antes da cozedura. As bolachas de outras variedades e estirpes de trigo espelta alteraram ligeiramente este valor - de 1,2 para 1,4. O rácio entre o diâmetro da bolacha e a sua espessura mudou principalmente. Assim, foi o mais pequeno na farinha da estirpe NAK34 / 12-2 (10,7) e o maior rácio foi nas variedades Schwabenkom e NSS 6/01, nas estirpes LPP 1197 e LPP 1304 (20,2-21,0) que é substancialmente comparável à variante de controlo *(LSD$_{05}$ =0,9)*.

Quadro 43 Características das bolachas de farinha de trigo de espelta em função da origem da variedade e da estirpe

Variety, strain	The ratio					
	the biscuit diameter (D) to the dough diameter		the biscuit thickness (T) to the dough thickness		D/T	
		to st, ±		to st, ±		to st, ±
Shvedska 1	1.4	–	1.4	–	12.7	–
Zoria Ukrainy (st)	1.5	0.1	1.0	-0.4	19.4	6.7
Schwabenkorn	1.6	0.2	1.0	-0.4	20.4	7.7
NSS 6/01	1.6	0.2	1.0	-0.4	21.0	8.3
LPP 3122/2	1.2	-0.2	1.6	0.2	10.1	-2.6
P 3	1.3	-0.1	1.4	0.0	12.4	-0.3
LPP 3132	1.4	0.0	1.4	0.0	12.6	-0.1
LPP 3117	1.4	0.0	1.2	-0.2	14.7	2.0
LPP 1221	1.4	0.0	1.0	-0.4	18.0	5.3

LPP 3373	1.4	0.0	1.0	-0.4	18.2	5.5
LPP 1224	1.5	0.1	1.0	-0.4	19.2	6.5
LPP 1197	1.6	0.2	1.0	-0.4	20.2	7.5
LPP 1304	1.6	0.2	1.0	-0.4	21.0	8.3
NAK34/12–2	1.2	-0.2	1.4	0.0	10.7	-2.0
NAK 22/12	1.4	0.0	1.2	-0.2	15.2	2.5
TV 1100	1.5	0.1	1.2	-0.2	16.7	4.0
LSD$_{05}$	*0.1*		*0.1*		*0.9*	

O rácio entre o diâmetro da bolacha e a sua espessura situou-se entre 3 e 9 pontos (Quadro 44).

A estimativa da superfície do biscoito variou de 7 a 9 pontos, mas a cor e o aspeto visual da fratura não se alteraram e foram de 9 pontos. Os biscoitos das variedades Zoria Ukrainy (st), Schwabenkom e NSS 6/01, das estirpes LPP 1221, LPP 3373, LPP 1224, LPP 1197, LPP 1304, NAK 22/12 e TV 1100 tiveram a avaliação mais elevada (9 pontos) entre todas as variedades e estirpes de trigo espelta estudadas. Os biscoitos das estirpes LPP 3122/2 e NAK 34 / 12-2 tiveram a avaliação mais baixa (7,0 pontos) e os biscoitos das outras formas estudadas tiveram a avaliação culinária ao nível de 7,5-8,0 pontos.

Quadro 44 Indicadores da avaliação culinária de bolachas de farinha de trigo de espelta de variedades e estirpes, ponto

Variety, strain	Indicator				
	D/T	Surface	Color	Visual appearance of fracture	Overall assessment
Shvedska 1	5	7	9	9	7.5
Zoria Ukrainy (st)	9	9	9	9	9.0
Schwabenkorn	9	9	9	9	9.0
NSS 6/01	9	9	9	9	9.0
LPP 3122/2	3	7	9	9	7.0
P 3	5	7	9	9	7.5
LPP 3132	5	7	9	9	7.5
LPP 3117	7	7	9	9	8.0
LPP 1221	9	9	9	9	9.0
LPP 3373	9	9	9	9	9.0
LPP 1224	9	9	9	9	9.0
LPP 1197	9	9	9	9	9.0
LPP 1304	9	9	9	9	9.0
NAK34/12–2	3	7	9	9	7.0
NAK 22/12	9	9	9	9	9.0
TV 1100	9	9	9	9	9.0
LSD$_{05}$	*1*	*1*	*1*	*1*	*0.3*

Verificou-se que, entre o teor de glúten no grão de trigo e o índice de deformação, a capacidade de retenção alcalina, a relação entre o diâmetro e a espessura da bolacha e o diâmetro e a espessura da massa e a relação entre o diâmetro e a espessura, o coeficiente de correlação variou entre -0,28 e 0,49, o que corresponde a uma ligação fraca (Quadro 45).

Registou-se uma correlação média entre o teor de glúten, a superfície e a avaliação global da bolacha - 0,51-0,54. O índice de deformação do glúten influencia principalmente a capacidade de retenção alcalina, como mostra o coeficiente de correlação (0,94 - muito elevado) e a ligação com outros indicadores foi elevada (r = 0,78-0,89).

Verificou-se uma relação negativa elevada (-0,77 - -0,86) entre a capacidade de retenção alcalina e a relação entre o diâmetro da bolacha e o diâmetro da massa e a relação entre o diâmetro e a espessura da bolacha, a sua superfície e a avaliação global.

Verificou-se uma relação muito elevada entre a relação entre o diâmetro da bolacha e o diâmetro da massa e a relação entre o diâmetro e a espessura e entre a superfície e a avaliação global (0,91) e uma relação elevada entre a superfície da bolacha e a avaliação global (r = 0,74-0,81).

Quadro 45 Correlação entre as propriedades de confeção do grão e a qualidade das bolachas de trigo espelta

Показник	The gluten deformation index, unit	The alkaline retaining ability, %	The ratio of the diameter of the biscuit to the diameter of dough	The ratio of the thickness of the biscuit to the thickness of dough	D/T	The surface	Overall assessment
The gluten content, %	0.41	-0.28	0.33	-0.46	0.49	0.54	0.51
The gluten deformation index, unit	–	-0.94	0.87	-0.78	0.88	0.84	0.89
The alkaline retaining ability, %	–	–	-0.86	0.79	-0.84	-0.77	-0.85
The ratio of the diameter of the biscuit to the diameter of dough	–	–	–	-0.81	0.91	0.74	0.81
The ratio of the thickness of the biscuit to the thickness of dough	–	–	–	–	-0.96	-0.88	-0.93
D/T	–	–	–	–	–	0.87	0.92
The surface	–	–	–	–	–	–	0.96

Por conseguinte, o índice de deformação do glúten e a capacidade de retenção alcalina influenciam sobretudo a avaliação culinária dos biscoitos de farinha de trigo de espelta, o que permite utilizar estes indicadores para determinar a sua aptidão para a produção de produtos de confeitaria.

Tendo em conta os resultados do estudo da qualidade dos biscoitos e das propriedades de confeitaria, são propostos níveis-parâmetros para determinar a aptidão do grão de trigo espelta para a sua produção através do índice de deformação do glúten e da capacidade de retenção alcalina (Quadro 46).

Quadro 46 Níveis-parâmetros de disponibilidade de grãos de trigo espelta para a produção de bolachas

The direction of flour use	The gluten deformation index, unit	Alkaline retaining ability, %
Confectionery	105–120	≤78.0
Universal	95–100	78.1–81.0
Bakery	≤94	≥81.1

O volume do pão de forma obtido com farinha de trigo de espelta da variedade Zoria Ukrainy (st) foi de 269 cm³ (quadro 47). O pão tipo bolo obtido da variedade NSS 6/01, das estirpes LPP 3122/2, LPP 3132 e LPP 1221 teve valores significativamente mais baixos, cujo volume foi de 249-254 cm³ ou menos em 5,6-7,4 pontos em comparação com a variante de controlo. Este indicador de outras variedades e estirpes estava dentro da gama de 256-274 cm³ que estava ao nível da variante de controlo.

O volume específico do pão de forma feito a partir de farinha das variedades Zoria Ukrainy e Schwabenkom, das estirpes LPP 1224, NAK 22/12 e TV 1100 foi o mais elevado, com 2,59-2,63 cm / g. Foi inferior nas outras amostras de pão de forma e variou entre 2,39 e 2,50 cm³ / g.

O volume do bolo de farinha de trigo de espelta dependia fracamente do teor de proteínas e do índice de deformação do glúten, pois havia uma correlação média entre estes indicadores (r = 0,35-0,39) e uma correlação fraca com o teor (r = 0,19).

O indicador do volume do pão de ló obtido da variedade Zoria Ukrainy □ foi de 384 cm . Cinco estirpes de amostras estudadas eram maiores em 1-3% do valor para a variante de controlo - 388-395 cm³ mas com diferença insignificante *(LSD₀ 5=2O)*. O volume das restantes amostras do pão de ló estava ao nível da variante de controlo, uma vez que □ a redução foi insignificante - 369-380 cm .

O volume específico do pão de ló obtido a partir de farinha de trigo espelta de □ variedades e estirpes variou de 2,88 a 3,09 cm / g. O volume do pão de ló da variedade Zoria Ukrainy, estirpes LPP 3117, LPP 1304, LPP 1224 e TV 1100 aumentou mais - mais de três vezes.

Quadro 47 Volume do pão de forma e do pão de ló obtidos a partir de farinha de diferentes variedades e estirpes de trigo espelta

Variety, strain	The cake-type bun		The sponge cake	
	Volume, cm³	Specific volume, cm³/g	Volume, cm³	Specific volume, cm³/g
Zoria Ukrainy (st)	269	2.59	384	3.00
NSS 6/01	254	2.44	374	2.92
Shvedska 1	263	2.53	375	2.93
Schwabenkorn	271	2.61	369	2.88
LPP 3122/2	249	2.39	377	2.95
LPP 3132	250	2.40	378	2.95
LPP 1221	253	2.43	378	2.95

LPP 1197	256	2.46	368	2.88
P 3	256	2.46	380	2.97
LPP 3117	258	2.48	388	3.03
LPP 3373	260	2.50	377	2.95
LPP 1304	261	2.51	391	3.05
LPP 1224	274	2.63	395	3.09
NAK34/12–2	257	2.47	381	2.98
NAK 22/12	263	2.53	379	2.96
TV 1100	272	2.62	389	3.04
LSD$_{05}$	*13*	*0.13*	*20*	*0.15*

A avaliação culinária do pão de forma revelou uma qualidade muito elevada. Assim, a superfície do pão de forma, a dimensão das células e a uniformidade são avaliadas em 9 pontos (quadro 48). A superfície do pão de forma era branca, sem fissuras; o miolo apresentava células pequenas, de paredes finas e uniformemente espaçadas. Apenas o pão tipo bolo obtido a partir de farinha da estirpe introgressiva NAK34 / 12-2 tinha a superfície com algumas fissuras (largura <1,0 cm) e o miolo continha até 25% de células de espessura média, exceto as pequenas, correspondendo a 7 pontos. Por conseguinte, a avaliação global do pão de forma com farinha desta estirpe foi de 7,7 pontos e com farinha das restantes variedades e estirpes foi de 9,0 pontos.

Quadro 48 Indicadores da avaliação culinária do pão de forma tipo bolo, obtido a partir de farinha de diferentes variedades e estirpes de trigo espelta, ponto

Variety, strain	Indicator			Overall assessment
	Surface	Cell size	Cell placement uniformity	
Zoria Ukrainy (st)	9	9	9	9.0
Shvedska 1	9	9	9	9.0
Schwabenkorn	9	9	9	9.0
NSS 6/01	9	9	9	9.0
LPP 1197	9	9	9	9.0
LPP 3117	9	9	9	9.0
LPP 1304	9	9	9	9.0
LPP 1224	9	9	9	9.0
LPP 3122/2	9	9	9	9.0
P 3	9	9	9	9.0
LPP 3132	9	9	9	9.0
LPP 3373	9	9	9	9.0
LPP 1221	9	9	9	9.0
NAK34/12–2	7	7	9	7.7
NAK 22/12	9	9	9	9.0
TV 1100	9	9	9	9.0
LSD$_{05}$	*1*	*1*	*1*	*0.4*

A avaliação culinária do pão de ló de farinha das variedades e estirpes estudadas foi efectuada de acordo com os seguintes índices: a superfície do pão de ló, o tamanho das células, a uniformidade da colocação das células e a consistência durante a mastigação (Quadro 49). Todas as amostras do pão de ló que foram avaliadas de acordo com os indicadores acima mencionados receberam uma pontuação muito elevada de 9 pontos. A superfície do pão de ló não apresentava fissuras nem deformações; o miolo tinha células de paredes finas e uniformemente espaçadas; a consistência durante a mastigação era muito tenra e rica. A única exceção foi o pão de ló com farinha da estirpe introgressiva NAK 34 / 12-2. A sua avaliação culinária pelos indicadores da superfície do pão de ló e da consistência durante a mastigação foi de 5 pontos; pelos indicadores do tamanho das células e da uniformidade da colocação das células foi de 7 pontos; pela consistência durante a mastigação e pela avaliação global foi de 5 e 6 pontos, respetivamente.

Quadro 49 Indicadores da avaliação culinária do pão de ló de farinha de diferentes variedades e estirpes de trigo espelta, ponto

Variety, strain	Indicator				Overall assessment
	Surface	Cell size	Cell placement uniformity	Consistency during chewing	
Zoria Ukrainy (st)	9	9	9	9	9
Shvedska 1	9	9	9	9	9
Schwabenkorn	9	9	9	9	9
NSS 6/01	9	9	9	9	9
LPP 1197	9	9	9	9	9
LPP 3117	9	9	9	9	9
LPP 1304	9	9	9	9	9
LPP 1224	9	9	9	9	9
LPP 3122/2	9	9	9	9	9
P 3	9	9	9	9	9
LPP 3132	9	9	9	9	9
LPP 3373	9	9	9	9	9
LPP 1221	9	9	9	9	9
NAK34/12–2	5	7	7	5	6
NAK 22/12	9	9	9	9	9
TV 1100	9	9	9	9	9
LSD_{05}	1	1	1	1	1

Verificou-se que o índice de deformação do glúten influenciou sobretudo a formação da qualidade do pão de ló de farinha de trigo de espelta, uma vez que houve uma correlação direta significativa entre eles ($r = 0,68$-$0,69$). Registou-se uma correlação fraca ($r = 0,22$-$0,23$) entre a avaliação culinária e o teor de proteínas, bem como com o teor de glúten no grão ($r = 0,28$-$0,29$).

Verificou-se uma correlação direta significativa entre a avaliação global da qualidade do pão de ló de farinha de trigo de espelta e o índice de deformação do glúten, que é descrito pela seguinte equação de regressão:

$Y = 0,0018x + 0,0927$,

em que Y é a avaliação global da qualidade do pão de ló;

x é o índice de deformação de glúten, unidade (Fig. 32).

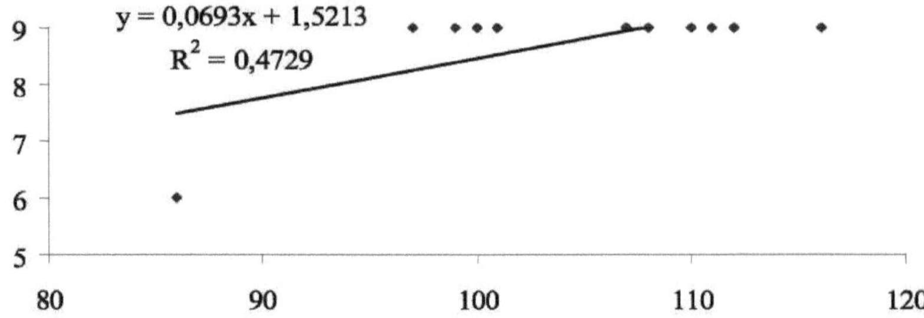

Fig.32. Correlação entre a avaliação global da qualidade do pão de ló e o índice de deformação do glúten do trigo espelta

A farinha de trigo de espelta é a melhor para a confeção de pães de forma e de pão de ló. A avaliação culinária dos biscoitos de trigo espelta varia muito consoante a variedade. Acima de tudo, o índice de deformação do glúten influencia a qualidade dos biscoitos. As bolachas obtidas a partir de farinha das variedades Zoria Ukrainy (st), Schwabenkom e NSS 6/01, LPP 1221, LPP 3373, LPP 1224, LPP 1197, LPP 1304, NAK 22/12 e TV 1100 têm a avaliação culinária mais elevada (9 pontos). Os níveis-parâmetros desenvolvidos são recomendados para determinar a aptidão da farinha de trigo espelta para a produção de biscoitos.

CAPÍTULO 11
REFERÊNCIAS

Abdel-Aal, E. S. M., Hucl, P., W. Sosulski, F. (1999). Otimização da formulação de pão para trigo espelta mole. Cereal Foods World, no 44, pp. 480-483.

Afolabi, O. E. (2016). Inclinação dos consumidores para utilizar portais de marketing online para compras agrícolas em Lagos, Nigéria. Jornal de Informação Agrícola e Alimentar, 17(4), 290-299.

Grãos fantásticos: Do clássico ao contemporâneo, receitas saudáveis para todos os dias. (2014). Library Journal, 139(3), 124-124.

Belitz H. D., GroschW. (1999). Química alimentar. Berlim, Heidelberg, Alemanha: Springer-Verlag. pp. 631-636.

Buerli M. (2006). Um estudo documental. A Unidade de Facilitação Global para Espécies Subutilizadas. Farro em Itália, pp. 18-20.

Demidov, O. A., Vasil'kivs'kij, S. P., Gudzenko, V. M. (2016). O nível de manifestação e rendimentos de títulos, altura da planta e resistência ao alojamento de cevada na floresta-estepe. Boletim de ciências agrícolas. Vol. 10. pp. 30-34.

Dubois, B., Bertin, P., & Mingeot, D. (2016). Diversidade molecular de genes expressos de alfa-gliadina em acessos de espelta geneticamente contrastados *(Triticum aestivum ssp. spelta)* e comparação com trigo para pão *(T. aestivum ssp. aestivum)* e espécies diplóides relacionadas de Triticum e Aegilops. Mol Breed, 36(11), 152. doi: 10.1007/s 11032-016-0569-5.

Egorov, G. A. (2005). Tecnologia da farinha. Tecnologia dos cereais. Moscovo, Kolos, 296 p.

Escamot, E. Jacquemin. J-M, Agneessens, R., Paquot, M. (2012). Estudo comparativo do conteúdo e perfis de macronutrientes em espelta e trigo, uma revisão. Biotecnologia, Agronomia, Sociedade e Ambiente. Vol. 16 (2). pp. 243-256.

Gerasimchuk, O. P. (2015). Classificação tecnológica do trigo em grão. Selekciya i nasinnictvo. Reprodução e Sementes, n.º 107, pp. 161-170.

Gospodarenko, G. M., Kostogriz, P. V., Liubych, V. V., Parij, F. M., Poltorec'kij, S. P., Polyancc'ka6 I. O., Ryabovol, L. O., Ryabovol, Ya. S., Suhomud, O. G. (2016). Espelta de trigo. Kyiv, Sik group Ukraine, 312 p.

Kukulenko, S. G., Gazins'ka, T. V., Kozak, S. V., Gavriljuk, V. M. (2013). O bom tipo - a cultura chave. Produção de sementes. Vol. 8. pp. 11-18.

Lacko-Bartosova, M., Otepka, P. (2001). Avaliação dos componentes de rendimento seleccionados de cultivares de trigo espelta. J. Central Eur. Agric. Vol. 2. pp. 279-284.

Lacko-Bartosova, M., Redlova, M. (2007). A importância do trigo espelta cultivado em agricultura ecológica na República Eslovaca. Processo da conferência sobre agricultura biológica, Praha. 2007. pp. 79-81.

Liubych, V. V., Novikov, V. V. (2014). Composição fracionária do grão de triticale de inverno e suas características tecnológicas em função da variedade. Boletim do Cáspio. Vol. 4. pp. 21-24.

Lohrmann J., Harter K. (2002). Sistemas de sinalização de dois componentes de plantas e o papel dos reguladores de resposta. Plant Physiol. V. 128. P. 363-369.

Markevich, I. M., Bushtevich, V. N. (2013). Os resultados do estudo do material inicial para a criação de trigo mole de primavera nas condições da Bielorrússia. Agricultura e criação de animais na Bielorrússia. Vol. 49. pp. 282-291.

Mikhno, N. (2015). Mercado de farinha e cereais. O agricultor ucraniano. Vol. 10. Modo de acesso: http://www.agrotimes.net/ioumals/article/rinok-boroshna-i-krup.

Morgun, V. O., Voloshenko, O. S. (2012). Processamento aprimorado de trigo. Proceedings of Odessa NAFT, no. 36, pp. 25-29.

Niniyeva, A. K. (2012). Diversidade genética da espelta de inverno por características económicas nas condições da floresta oriental-estepe da Ucrânia. Reprodução e produção de sementes. Vol. 101. pp. 156-167.

Puzik, L. M. (2013). Tecnologia de armazenamento e processamento de grãos. Kharkiv, 312 p.

Ryabchun, N. L, Cl'nikov, M. L, Zvyagin, A. F. (2010). Criação especial e produção de sementes de culturas arvenses. Kharkiv, 462 p.

Schober, T. J., Bean, S. R., Kuhn, M. (2006). Proteínas de glúten de cultivares de espelta *{Triticum aestivum ssp. spelta)*: Um estudo reológico e de cromatografia líquida de alta eficiência com exclusão de tamanho. Cereal Sci, no 44, pp. 161-173.

Soc, S. M., Kustov, I. A. (2012). Mingau enrolado de grãos de aveia sem casca. Actas ONAFT. Vol. 42. pp. 33-35.

Terleckaya, N. V., Hajlenko, N. A., Altaeva, N. A., (2012). O estudo das características anatómicas dos grãos de espécies e variedades de trigo. Izvestiya da Academia Nacional de Ciências da República do Cazaquistão, n.º 4, pp. 134-137.

Tobolova, G. V. (2013). Característica geométrica do grão da espécie tetrapioide *Triticum carthlicum* Nevski. nas condições da estepe florestal do norte da região de Tyumen. Realizações em ciência e tecnologia do complexo agroindustrial, n.º 9, pp. 40-43.

Ulich, L. I. (2006). Optimiza a utilização de variedades de trigo de inverno. Boletim de ciências agrícolas. Vol. 6. pp. 31-34.

Warechowska, M., Tyburski, J., Siemianowska, E. (2011). Avaliação do valor de moagem do grão de espelta. Confederação Nacional. Cultivo e utilização do trigo espelta *(Triticum aestivum ssp. Spelta)* no contexto das alterações climáticas. Pulawy, pp. 45-46.